云边端协同的知识服务：
理论与应用

吴大鹏　李职杜　杨志刚　著

科学出版社
北京

内 容 简 介

本书围绕在工业界广泛应用的云计算与边缘计算技术,在扼要介绍传统理论及方法的基础上,系统地论述了著者近 10 年来在"云-边-端"协同服务领域的理论、算法及应用成果,为读者的进一步研究提供参考。第 1 章介绍互联网的服务演变、使能技术以及面临的挑战,并分析新型关键技术"云-边-端"协同的研究现状;第 2 章对内生关系感知的"云-边-端"协同服务架构进行介绍;第 3 章对"云-边-端"协同的轨迹隐私保护技术进行介绍;第 4 章对"云-边-端"协同的实体搜索服务技术进行介绍;第 5 章对"云-边-端"协同的视频缓存分发技术进行介绍;第 6 章对"云-边-端"协同的情感识别技术进行介绍。

本书可供从事通信工程、网络工程、信息安全等学科领域的研究、教学人员参考,同时也适合对这一技术感兴趣的学者及工程人员阅读。

图书在版编目(CIP)数据

云边端协同的知识服务:理论与应用 / 吴大鹏,李职杜,杨志刚著. —北京:科学出版社, 2023.3(2024.3 重印)
ISBN 978-7-03-074994-9

Ⅰ. ①云… Ⅱ. ①吴… ②李… ③杨… Ⅲ. ①云计算–知识管理–研究 Ⅳ. ①TP393.027

中国国家版本馆 CIP 数据核字(2023)第 037016 号

责任编辑:孟 锐 / 责任校对:彭 映
责任印制:罗 科 / 封面设计:义和文创

科学出版社 出版

北京东黄城根北街16 号
邮政编码:100717
http://www.sciencep.com

成都锦瑞印刷有限责任公司 印刷
科学出版社发行 各地新华书店经销

*

2023 年 3 月第 一 版 开本:B5 (720×1000)
2024 年 3 月第二次印刷 印张:7 1/2
字数:154 000

定价:108.00 元
(如有印装质量问题,我社负责调换)

序

从"结绳记事""飞鸽传书"到"增强型移动带宽""超可靠低时延""海量机器类通信"，学术界和工业界一直在共同努力。值此两个一百年历史交汇时期，通信网络技术有望得到进一步发展。目前，互联网可在宏观上连接每一个智能设备，为所有实体间的交互提供通道，成为了交叉渗透性强、应用场景最多样的综合技术。毫不夸张地说，人类现在的生活已经离不开互联网了。

研究人员会止步于现状吗？我认为不会，因为卓越的人类永远追求更多样、更快捷、更智能、更极致的体验，并且通信网络行业也背负着更大的使命。在网络一体化融合发展的过程中，各项使能技术必将经历多次革新，最终形成智慧、深度、全息、泛化的新型应用形态与模式，进一步地，人类对宇宙其他未知领域的探索也会上一个新台阶。

吴大鹏教授及其研究团队一直以来从事通信网络行业的前沿技术研究，在此基础上编写了《云边端协同的知识服务：理论与应用》，而我有幸先看了书稿。这本书内容新、导向性强，列出了不少具有代表性的参考文献，给读者的查阅工作提供了便利。同时，书中也有编著者的研究心得和成果，值得学习、讨论。书中将边缘计算和云计算巧妙结合，并基于内生关系考虑终端属性，探讨了"云-边-端"协同服务技术的发展趋势和应用场景，用较大篇幅介绍了"云-边-端"协同服务的五大关键技术，开拓了网络整体架构设计的新思路。

总体看，这是一本推动互联网中"云-边-端"协同服务发展的好书，特别适合对云计算、边缘计算、"云-边"协同等新型服务范式有所了解的学生、教师、科技人员阅读。我愿向有兴趣研究、关心未来网络发展的各位推荐此书，也想借此书出版之机，再次呼吁加强网络技术研究，推进网络强国建设，给大众带来更多新应用和新感觉的体验。

高新波

2023 年 1 月 1 日

前　　言

随着网络强国、网络空间命运共同体等战略思想的提出，互联网的生态发展水平逐渐成为衡量一个国家综合实力的重要指标。

近年来，我国经济的稳步增长离不开互联网使能技术的不断发展和革新。其中，云计算和边缘计算两大技术应用场景广泛，给人类生产生活带来了诸多便捷。云计算服务类型多样，包括基础设施即服务、平台即服务、软件即服务等，同时，其具有灵活度高、可扩展性强、计算速度快等优势，但其资源部署距离终端较远，致使端到端时延较大，且数据安全保障有待提高。边缘计算主要在网络边缘通过网络互联、计算、数据存储与应用等方面的软硬件资源为用户提供敏捷连接、实时业务、数据优化、应用智能、安全与隐私保护的业务能力，但其计算能力有限，数据处理能力有待提高。那么，为了进一步提升用户的服务体验，我们能做些什么突破呢？

"云-边-端"协同计算与服务范式充分弥补云计算与边缘计算的不足，具有资源利用率高、服务效果好等优点，在6G、工业互联网、自动驾驶等领域具有广阔的应用前景，受到学术界和工业界越来越广泛的关注，"如何设计和改进'云-边-端'协同服务架构、如何将'云-边-端'协同服务技术应用于不同场景和垂直行业"是近年来信息通信领域与人工智能领域的研究热点。

通过阅读本书，作者希望可以帮助读者对"云-边-端"协同服务体系架构有系统的理解，包括但不限于其产生的背景、定义、架构、应用场景以及关键技术，为读者的进一步研究提供参考。

本书共 6 章，主要涵盖了"云-边-端"协同服务的部分关键技术和阶段性研究成果。第 1 章回顾了互联网网络服务的演变过程，介绍了互联网服务中的六大使能技术，并结合研究现状分析了"云-边-端"协同服务的发展趋势；第 2 章介绍了云中心、边缘节点和终端组成的基于内生关系感知的"云-边-端"协同服务架构；第 3 章介绍了"云-边-端"协同的轨迹隐私保护技术，该技术规避了中心化和去中心化本地差分隐私的弊端，弥补了现有解决方案的不足；第 4 章介绍了"云-边-端"协同的实体搜索服务技术，该技术对状态数据进行划分，提高了实体搜索精度；第 5 章介绍了"云-边-端"协同的视频缓存分发技术，该技术在视频缓存和分发两个阶段共同发力，提高了视频缓存命中率；第 6 章介绍了"云-边-端"协同的情感识别技术，该技术基于卷积神经网络和迁移学习对脑电信号进行分析，为人机交互提供了可靠保障。

　　本书由吴大鹏组织编写并统稿，其他参与编写的人员有李职杜、杨志刚、王汝言、钟艾玲、孙美玉等。其中，第 1 章由吴大鹏、王汝言编写；第 2 章由王汝言、钟艾玲编写；第 3 章由杨志刚、王汝言、吴大鹏编写；第 4 章由吴大鹏、孙美玉编写；第 5 章由李职杜、钟艾玲、吴大鹏编写；第 6 章由李职杜、杨志刚、吴大鹏编写。此外，在写作过程中，作者与李学芳、包瑞莉、景忠源进行过很多有益讨论，他们提出了很多宝贵的意见，在此一并感谢。感谢他们对本书最终的完成起了极大的推动作用。

　　本书的顺利完成与作者家人的支持是分不开的，值此工作完成之际，以此书作为答谢，感谢他们常年如一日的关心和照顾。

　　限于作者认知水平，书中疏漏和不当之处在所难免，欢迎读者不吝赐教。

目　　录

第1章 绪 论

1.1 互联网网络服务的演变

党的十八大以来，以习近平同志为核心的党中央高度重视互联网行业发展，提出了网络强国、网络空间命运共同体的战略思想。1961 年麻省理工学院提出了将计算机互相连接进而完成人与人信息交互的概念，同年又发表了一篇关于包交换的文章。1974 年，美国国防部高级研究计划局首次提出传输控制协议（transmission control protocol，TCP），随后，1978 年，其分解成 TCP 和网际互连协议（Internet protocol，IP）。1984 年，基于域名系统（domain name system，DNS），用户可以在不了解到另一个节点确切路径的情况下完成通信，这标志着"互联网"大规模信息交换的开始。

1995 年开始，互联网之风漂洋过海来到中国，直至 2005 年这段时间，被称为 Web 1.0 时代。其中，1997 年全国拨号入网用户达到 25 万人，此时的互联网代表产品主要包括门户网站和电子公告板（bulletin board system，BBS）类。1998 年，微软发布的 Windows98 操作系统为更多普通民众接入互联网提供了机会，使论坛、在线聊天室快速发展起来。截至 2001 年，全国网民人数达到 2200 万人。紧跟其后，以《传奇》《大话西游》为代表的网游逐渐兴起、火爆，以淘宝为首的电商也得到快速发展。最终，全国网民人数在 2005 年破亿。同年，全球开启了 Web 2.0 时代，即由公司主导输出内容转变为由用户主导生成内容的互联网产品模式。

2005 年开始，大量视频网站、社交网络服务（social network service，SNS）兴起，用户的集体智慧成了互联网的主导者，整个互联网的大生态也从"封闭"转为"开放"。2008 年，随着 Android 操作系统的发布以及第三代(3G)移动通信技术的逐步商用，中国迎来了移动互联网时代，微博、知乎、微信等应用也率先出现在人们的视野。2013 年开始，智能手机大范围普及，为了获取更多的红利，企业将重点转移到实体服务中。正是这个时段，美团、滴滴等线上到线下(online to offline，O2O)的公司涌现出新兴的势头。近年来，全球正在向 Web 3.0 时代过渡。具体地，网络逐步拥有"智能思考"的能力，即可按需分配网络资源、保障用户个性化需求，甚至可以根据环境变化动态提升安全性能的能力。

总的来说，由于商业和技术的驱动，互联网已经实现了点对点到多点对多点通信方式的改变，并且致力于突破尽力而为到保障服务质量（quality of service，

QoS)、甚至精准服务的模式转变。另外，互联网的使用从个体通信、获取资讯、分享日常已经扩展到更广阔的场景，包括无人机通信[1]、卫星通信[2]、海洋通信[3]等。整体上，互联网生态内终将形成"空天地海"一体化交织的繁荣景象。

1.2　互联网服务使能技术

伴随移动通信技术的快速迭代更新，互联网的生态技术也不断发展。目前，"互联网+ABCDE"的概念深入人心，且其整体发展和应用水平逐渐成为衡量一个国家综合实力的重要指标。其中，ABCDE 具体指代人工智能(artificial intelligence，AI)、区块链(blockchain)、云计算(cloud computing)、数据(data)和边缘计算(edge computing)。互联网相关的使能技术分析如下。

1. 移动通信技术

移动通信技术是互联网信息交换的基础。第一代(1G)移动通信技术从高级移动电话系统(advanced mobile phone system，AMPS)的研制出发，最终实现了模拟信号的调制及传输。在第二代(2G)移动通信系统中，业界人员提出了全球移动通信系统(global system for mobile communication，GSM)和窄带码分多址(code division multiple access，CDMA)技术，并采用电路交换的方式改善了用户通话质量，但其有限的系统带宽限制了多媒体业务的开展。在第三代(3G)移动通信系统中，中国的时分同步码分多址(time division-synchronous code division multiple access，TD-SCDMA)技术、欧洲的宽带码分多址(wideband code division multiple access，WCDMA)技术和美国的 CDMA2000 技术并存，共同为高速的多媒体业务提供了支持。在第四代(4G)移动通信系统中，核心网实现了全 IP 化，有效满足了业务的高带宽发展需求，但是随着平安城市、车联网、工业互联网等新型业务形态的产生，4G 网络面临着提供个性化服务的挑战。第五代(5G)移动通信系统融合了网络功能虚拟化(network function virtualization，NFV)、云化无线接入网(cloud-radio access network，C-RAN)、设备到设备(device-to-device，D2D)通信等技术，一定程度上满足了增强移动带宽(enhanced mobile broadband，eMBB)、海量机器类通信(massive machine type of communication，mMTC)和超可靠低时延通信(ultra-reliable and low latency communication，uRLLC)场景的应用需求，但面对更加多样和复杂的网络环境，资源的调度仍然达不到随需即用的状态[4]。因此，在未来的移动通信系统中，还需加强太赫兹通信、可见光通信、AI 等潜在技术的研究，尽快实现智慧、深度、全息和泛化的连接。

2. 人工智能

人工智能是计算机科学、仿生学、生物学、心理学、哲学等多门学科共同催生的产物，它是研究计算机模拟人的某些思维过程和智能行为的学科。具体地，人工智能主要利用模式识别、机器学习、数据挖掘、智能算法等，实现了事物的表征、行为的学习、知识图谱的建立等功能，进而使得机器能够胜任部分需要人类智能才能完成的复杂工作。最终，人工智能技术赋能的互联网在语音处理、图像分类、资源调度、科学探索等领域取得了显著突破[5]。

3. 区块链

区块链又名分布式账本，本质上是一个共享数据库，其通过去中心化共识，双方可以在不受第三方干预的前提下相互信任地完成交易并保存痕迹；同时，保存的每笔交易都不可篡改，并且可通过历史时间戳进行追溯[6]。此外，非对称加密、数字签名等算法有效地保障了数据块的完整性。总的来说，区块链中的内容具有去中心化、不可伪造、可追溯、集体维护等特性，因此，在紧紧依赖互联网进行数据交换的金融、物联网等领域，区块链技术得到了广泛的应用。

4. 云计算

云计算是分布式计算的一种，又被称为网格计算[7]。业界公认的云计算架构分为软件服务层、平台层和基础设施层，其关键技术在于将庞大的数据处理程序进行分解后利用多台服务器进行系统的处理。通常来说，用户通过搭建云计算平台或租赁云计算资源以享受基础设施即服务、平台即服务、软件即服务等类型的服务。尽管云计算资源通常部署在距离终端设备较远的地方，致使端到端的时延较大，但是其灵活度高、可扩展性强、计算速度快的优势使其在互联网发展的浪潮中起着举足轻重的作用。

5. 数据

这里的数据实际上是指大数据技术，主要通过分布式存储和处理技术对人们在社交网络、互联网、金融、健康、交通等领域产生的数据进行操作，进而辅助政府或企业完成决策。这类数据通常包括数据体量(volume)大、数据变化速度(velocity)快、数据来源多样化(variety)、数据价值(value)低四大特点，简称为4V。具体地，面对采集的海量非结构化数据，在数据分析前需要进行数据清理、集成、转换、规约等预处理，随后对数据集进行萃取、提炼和分析，挖掘出其中的商业价值，最终完成可视化分析和趋势预测的目标[8]。

6. 边缘计算

边缘计算是指为用户或数据源就近提供计算、存储、应用等核心能力为一体的开放平台[9]。边缘计算产业联盟(Edge Computing Consortium，ECC)对于边缘计算给出了包含设备、网络、数据与应用四域的参考架构，其主要通过网络互联、计算、数据存储与应用等方面的软硬件资源为用户提供敏捷连接、实时业务、数据优化、应用智能、安全与隐私保护的业务能力。具体来说，边缘计算由应用层、计算层、基础设施层整体的管理平台组成，其核心技术在于将部分关键业务应用下沉到接入网络边缘，从而减少网络传输和多级转发带来的时延损耗。

1.3　互联网服务面临的问题及挑战

　　三十多年来，互联网凭借自身的技术优势，成了保障和改善民生的重要手段之一，为各行业领域应用和服务提供了新技术、新思路、新方案。随着互联网用户和设备的迅速增加，早期体系结构设计的先天不足和缺陷已经暴露出来。一方面包括网络地址空间不足、移动性支持能力有限、能耗日益攀升等问题，这系列瓶颈逐渐被互联网协议第 6 版 (Internet Protocol Version 6，IPv6) 技术、移动通信技术、能耗管理系统所突破；另一方面，为了保障个性化和细粒度的业务需求，企业以特定业务为导向搭建专有的网络架构，并为之设计配套执行机制，导致的异构网络灵活性下降，用户隐私难以保障，资源利用率参差不齐等问题还亟待解决。

　　1. 异构网络灵活性下降

　　当前，智能家居、智慧医疗、智控工业等方面的应用层出不穷。为了满足应用不同带宽、时延、连接量所搭建的专有网络，存在大量异构的总线连接，加剧了网络的可扩展难度。尽管云计算、软件定义网络 (software defined network，SDN)、移动边缘计算 (mobile edge computing，MEC) 等技术在一定程度上改善了网络僵化的问题，但面向整体协作的新型网络架构还有待进一步研究。

　　2. 用户隐私难以保障

　　互联网技术的快速发展，使得我们享受着手机、可穿戴设备等移动终端带来的便捷。为了获取信息和知识，进而实现科学的决策，政府或企业通常会对各类终端设备的数据进行收集和分析，但当从海量数据中提取出的价值被攻击或窃取时，用户的隐私将难以保障。特别地，基于位置的服务 (location based services，LBS) 以其个性化、实时性和移动性等特点备受用户青睐，但高维度的轨迹数据直接暴露在服务器时存在严重的隐私泄露风险。

　　3. 资源利用率参差不齐

　　互联网技术可实现泛在多场景的业务之间的信息共享，然而提供信息共享的基础资源通常是固定的，同时由于各类场景下用户的请求都是随心产生的，致使网络资源的合理调度面临着更大的挑战。例如，在实体搜索服务中，搜索精度严重受制于计算资源的利用率。另外，在视频中心网络中，视频的缓存和传输阶段分别在存储和带宽方面存在资源争用，如何为具有不同特征的群组进行高质量的视频缓存分发是亟待解决的问题。

1.4 "云-边-端"协同服务技术研究现状及发展趋势

为了弥补云计算和边缘计算各自的短板，众多网络场景中都设计了"云-边"协同的服务框架，具体包括大连接的物联网、延迟敏感的车联网、需求异构的社交网络等场景。未来的研究趋势主要包括一体化的协同服务架构设计，以及协同服务架构下的技术更新两个方面。

在协同服务架构方面，尽管已经攻克了边缘节点放置、云中心选择、信息管理等问题，但整体协同性较差，即"云-边"协同架构忽略了"端-边"设备间的横向关系及终端与"云-边"的纵向关系。事实上，完整的"云-边-端"协同服务架构应包含"端-端""端-边""边-边""云-边"等可靠协作。此外，未来的研究还应着力满足屏蔽各种网络元素之间的逻辑和社会异构性，提供合理的上下文感知、信任管理和协作分发方案，有效处理信道动态、链路复杂度和介质异构性等需求。

在上述"云-边-端"的协同服务架构下，各项配套技术也有待进一步的研究，具体包括轨迹隐私保护、实体搜索服务、视频缓存分发、情感识别等技术。

1. 轨迹隐私保护技术

2021 年以来，滴滴在内的 4 家企业因涉嫌泄露道路交通数据、人民就业数据、仓储物流数据被纳入国家核查名单。事实上，由于去匿名化技术的存在，现有符合中国《信息安全技术 个人信息安全规范》(GB/T 35273—2020)的数据共享和转移方式也存在一定的信息泄露风险。现有轨迹隐私保护技术主要分为假名、泛化、差分隐私等，但频繁更换假名、高度泛化等方式会给计算资源有限的边缘节点造成较大的压力。因此，在"云-边-端"协同服务架构下，应为不同特点的设备设计不同的安全协议，进而保障系统整体的安全。

2. 实体搜索服务技术

2019 年全球物联网连接数达到 120 亿，预计到 2025 年，全球物联网总连接数将达到 246 亿。为了向用户提供快捷、高效的感知数据获取服务，实体搜索技术将信息空间和物理世界相融合，进一步推进了物联网时代的信息共享。随着应用场景的复杂化，终端设备的监测数据可分为变化缓慢的静态信息和动态变化的实时信息。然而，现有研究仅从平台特性进行任务的分派，忽略了物理实体数据本身的特性。因此，结合实体状态数据的特征，合理利用云、边、端三者的优势，可进一步降低搜索时延，提高搜索精度。

3. 视频缓存分发技术

在过去的 10 年中，移动视频流量增长了近 30 倍，此外，思科最新发布的视觉网络指数（visual networking index，VNI）表示，2022 年视频流量将翻两番，占互联网数据流量的 82%。因此，视频服务增强已成为学术界和工业界的一个重要课题。现有视频服务增强技术主要以提高命中率、减小传输时延为目标，展开了视频缓存和传输两个方面的研究。传统的视频缓存主要由"云-边"控制，视频传输主要受"边-端"影响。然而，协同考虑云、边、端三者的关系，可利用终端设备所属不同群组的兴趣特征提高预测精度；同时，"云-边-端"（cloud-edge-terminal，CET）协同服务架构下，三者资源的统一调配可优化网络的传输性能。

4. 情感识别技术

情绪在人类生活的理性决策、感知、互动中发挥着重要的作用，其波动显现方式包括外在表现和生理信号两个方面，其中外在表现包括声音、微表情等，生理信号包括肌电图、心率、脑电信号等。传统的情感识别模型通常部署在云中心服务器上，从而实现不同情感状态的准确识别，但其缺乏对个体情感变化的实时预测和覆盖能力。未来，在 CET 协同服务架构下，可利用迁移学习算法实现响应式、本地化和私有化的情感信号识别，提高模型的泛化性能。

1.5　本　章　小　结

本章主要回顾了互联网网络服务的演变过程，简要介绍了移动通信技术、人工智能、区块链、云计算、数据、边缘计算六大互联网服务使能技术，阐述了互联网服务面临的问题及挑战，并结合当前的研究进展和社会发展需求，分析了"云-边-端"协同服务技术的发展趋势。

参　考　文　献

[1] Fu S, Tang Y J, Zhang N, et al. Joint unmanned aerial vehicle (UAV) deployment and power control for internet of things networks[J]. IEEE Transactions on Vehicular Technology, 2020, 69(4): 4367-4378.

[2] You L, Li K X, Wang J H, et al. Massive MIMO transmission for LEO satellite communications[J]. IEEE Journal on Selected Areas in Communications, 2020, 38(6): 1851-1865.

[3] Sun S B, Zhang X Y, Zheng C, et al. Underwater acoustical localization of the black box utilizing single autonomous underwater vehicle based on the second-order time difference of arrival[J]. IEEE Journal of Oceanic Engineering, 2020, 45(4): 1268-1279.

[4] Agiwal M, Roy A, Saxena N. Next generation 5G wireless networks: A comprehensive survey[J]. IEEE Communications Surveys & Tutorials, 2016, 18(3): 1617-1655.

[5] Shi Y M, Yang K, Jiang T, et al. Communication-efficient edge AI: Algorithms and systems[J]. IEEE Communications Surveys & Tutorials, 2020, 22(4): 2167-2191.

[6] Dai H N, Zheng Z B, Zhang Y. Blockchain for internet of things: A survey[J]. IEEE Internet of Things Journal, 2019, 6(5): 8076-8094.

[7] Yao D Z, Yu C, Yang L T, et al. Using crowdsourcing to provide QoS for mobile cloud computing[J]. IEEE Transactions on Cloud Computing, 2019, 7(2): 344-356.

[8] Yu S, Liu M, Dou W C, et al. Networking for big data: A survey[J]. IEEE Communications Surveys & Tutorials, 2017, 19(1): 531-549.

[9] Abbas N, Zhang Y, Taherkordi A, et al. Mobile edge computing: A survey[J]. IEEE Internet of Things Journal, 2018, 5(1): 450-465.

第2章 内生关系感知的"云-边-端"协同服务架构

2.1 "云-边-端"协同服务原则与目标

随着信息技术以及物联网技术的快速发展，越来越多的智能终端设备加入网络，使得智能家电、智慧医疗、智控工业等应用快速融入人类的生产以及生活，永久性地改变了人类与互联世界的互动方式。然而，海量终端设备引起的数据爆发式增长给传统蜂窝基础设施在响应能力和网络安全方面带来了严峻的挑战。因此，如何高效、安全地传输这些激增的数据将一直是未来无线通信系统需要关注的关键问题。

针对以上问题，本章提出了CET协同服务架构，其主要包含云中心、边缘节点以及终端。其中，云中心一般即指云计算中心，拥有强大的计算能力与存储资源，距离终端地理位置较远，端到端往返时延较大；边缘节点是指在靠近用户的网络边缘侧构建的业务平台，提供存储、计算、网络等资源，通过将部分关键业务应用下沉到接入网络边缘，边缘节点能够有效减少网络传输和多级转发带来的时延损耗，是终端最易获取计算等资源的节点；终端一般代指拥有操作系统的智能设备，这类设备的计算、存储能力受限。经典的CET架构模型如图2.1所示。总的来说，云中心能够从全局的角度获取大量数据并进行深入分析，在商业决策等非实时数据处理场景发挥着重要作用；边缘节点侧重于局部，能够更好地在小规模、实时的智能分析中发挥作用，如满足企业内部的实时需求。在这样的服务架构下，终端可以充分利用边缘节点与云端的计算能力和网络时延等特性，将自身可卸载组件迁移到多个边缘节点处或者云端，以并行处理的方式最小化应用程序完成时间。因此，在智能应用中，云中心更适合大规模数据的集中处理，边缘节点可以用于小规模的智能分析和本地服务。CET三者相辅相成、协调发展，这将在更大程度上助力行业的数字化转型。

在商业驱动和技术驱动下，CET协同技术不断发展和进化。CET架构中，云中心由虚拟化、并行编程、分布式资源管理等技术赋能，为系统提供算力更强、可靠性更高、通用性更强的支撑。其中，虚拟化技术主要通过对不同的软件或硬件抽象成逻辑单元的虚拟资源，解除业务应用对环境资源的耦合和依赖，典型的代表有：Xen，KVM，VMware，Hyper-V，Docker容器等；并行编程技术能够使得后台同时执行多个任务，包括单机节点的并行计算和集群节点间的并行计算，目前主流的并行编程模式是 MapReduce；分布式资源管理技术辅助云计算构建了可伸缩、安全可靠的资源管理平台，为保障系统稳定运行做出了重要贡献，Chubby 是较为著名的分布式资源管理系统。另外，由智能网关、边缘服务器构成的边缘网络具有响应快、延迟低、成本低的特点，其需要完成网络信息开放、身份识别、流量统计、资源管理等功能，并为用户提供图像识别、图像渲染、智能转码等业务处理能力。

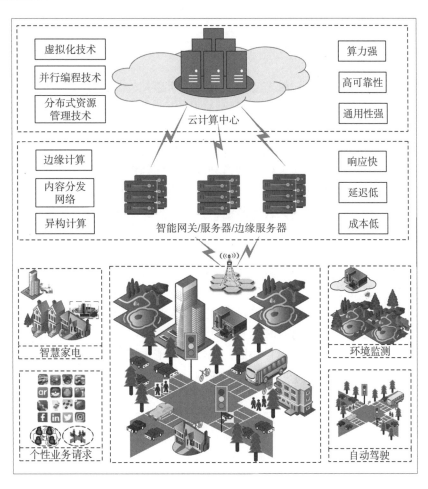

图 2.1　经典的 CET 架构模型

随着各类智能应用的快速推广及普及，CET 协同服务架构为各行业、领域的应用和服务提供了新技术、新思路、新方案。具体表现在智能工业、智慧城市和个性业务等领域。

1. 智能工业

在新型工业互联网平台上，云中心与边缘节点以协同的方式对全网算力及资源进行统一管控和调度，提升了生产线的整体效率。云端智能化利用人工智能方法将工业应用中的大数据进行分析、建模并做出预测，此外，通过云化镜像技术，可实现云端的即时开通应用服务。边层设备部署在需要及时响应的数据源附近，减少业务处理时延，同时，为降低传输到云端的暴露风险，部分隐私数据也可放置在离园区更近的边缘端处理。总体而言，CET 协同服务架构提升了工业产能业务数据处理、任务协同的能力以及对通信的反应能力和灵活度。

2. 智慧城市

在智慧城市建设中，边缘节点负责对终端所感知的数据进行处理、计算和存储，不同城市有专属的边缘节点，最终将结构化的数据汇集到运输中心移动管理平台。在实际业务流程中，云端和边端相互协同实现业务流程的灵活调度与部署，并通过中心平台的算法管理系统对其进行优化和分发，实现实时任务的混合调度、异构资源调度，能够满足从大中型城市到区县不同规模城市需求。以平安交通为例，边缘节点为终端提供实时服务，云中心负责海量数据的处理，统筹协调全局交通的管控，实现地图服务、远程监控、紧急救护、道路规划等服务。

3. 个性业务

个性业务包括娱乐影音、智能穿戴、医疗影像等，此种应用场景下，终端设备关系复杂，且业务响应慢。在 CET 协同架构下，边缘节点可以充分发挥其本地化部署、超低时延、超高可靠性的特点，有效提升网络资源的利用率，减少网络拥塞概率，满足个性化应用对时延和带宽的需求。以娱乐影音为例，分析端间用户的横向/纵向关系，利用 CET 协同，可以增加请求资源的命中率。以医疗影像为例，就近存取影像数据，可以降低响应时延，满足影像业务对稳定性的要求，提升阅片和拍片的体验。

事实上，目前各种网络间存在大量异构连接，导致网络可扩展难度加大，运营维护成本升高，可靠性无法保障，同时，各网络承载的业务存在个性化差异，且资源利用率参差不齐。此外，由于 CET 涵盖了云中心、边缘节点及终端三类节点，跨层数据传输存在安全问题。因此，考虑到异构性、资源分布不均、数据安全性等制约因素，CET 协同需要满足屏蔽各种网络元素之间的逻辑和社会异构性，提供合理的上下文感知、信任管理和协作分发方案，有效处理信道动态、链路复杂度和介质异构性，从而提高无线基础设施的安全性能和吞吐量，保障终端用户的数据业务体验质量(quality of experience，QoE)。

具体地，针对某些特定时间和场所，区域内的用户会对某些数据业务产生相似的请求, 即业务请求节点具有紧密的横向关系并共享相似兴趣的数据, 同时, 区域内的终端用户与边缘节点也将产生特殊的纵向关系, 且该关联在一定程度上揭示了内容偏好对关系强度的影响。因此, 充分挖掘内生关系, 并利用深度学习模型可以提供准确的上下文感知, 解析互联异构节点之间的水平和垂直关系; 结合节点行为和内容请求的特征进行信任管理, 可以确保端到端数据传输的安全; 在跨域协同分发中, 利用不同传输链路的属性和数据业务流的突发性和相似性, 根据终端用户对业务的质量和内容偏好, 主动或响应式地缓存数据, 可以高效地解决大量并发数据请求引起的资源争用, 提高数据传输性能。

2.2 "云-边-端" 协同服务的研究现状及主要挑战

2.2.1 "云-边-端" 协同服务的研究现状

为了缓解数据爆发式增长给网络带来的巨大冲击, 研究人员从多个方面入手进行了深入的研究。文献[1]详细介绍了云计算、边缘计算与物联网等技术的运作范式以及开放性挑战。为了克服云计算带来的过高通信延迟, 文献[2]将边缘云引入物联网系统中, 实现了业务的快速响应。文献[3]中实现了物联网应用中人工智能和边缘计算的互补集成, 将人工智能的核心功能从云端转移到了边缘节点, 设计了分层数据隐私保护的结构, 并且充分提升了边缘节点的网络功能效率。基于软件定义网络和网络功能虚拟化, 文献[4]改进了 "空天地" 一体化网络(space-air-ground integrated network, SAGIN)架构, 有效实现了多个通信网络和计算资源的统一管理。文献[5]对触觉边缘计算进行了研究, 实现了 "物-机" 场景中的边缘智能。

目前, 在众多网络场景中已经出现 "云-边" 协同服务的框架, 具体包括: 文献[6]提出了延迟敏感型工业物联网的 "云-边" 协同框架。文献[7]提出了 "云-边" 协同的软件定义物联网设备管理框架, 通过部署多个边缘计算节点, 并聚合多域拓扑信息, 实现了终端节点的连续故障检测。文献[8]分析了信息物理系统中服务延迟、能耗、安全、隐私和可靠性方面的关键问题, 建立了 "云-边" 协同模型优化系统 QoS。

同时, 为了使 "云-边" 协同更好地融入特定场景, 文献[9]中在 "云-边" 协同框架下, 将浅层卷积神经网络运用在边缘服务器上, 以提供可持续、快速响应的认知服务。文献[10]从 "云-边" 协同中边缘节点的放置问题出发, 提出了基于预测信息的边缘节点放置策略, 实现了服务资源的低成本灵活放置。针对车联网场景, 文献[11]提出了 "云-边" 协同的计算架构。文献[12]建立了边缘节点和云中心资源定价模型, 提出了 "云-边" 协同的计算资源优化策略, 进一步优化用户的最大利润总额。文献[13]讨论了"云-边"协作中资源的卸载问题，根据回程通信能力和云中心的计算能力判断任务是否需要拆分处理，最终实现减少所有移动设备的加权延迟。文献[14]在混合"云-边"计算架构下，通过联合优化云中心选择、设备传输功率、基站传输参数，最大限度地降低了任务卸载和计算的系统能耗。为了解决物联网中的内部攻击问题，研究人员在云中心建立服务参数模板，同时，在边缘节点建立基于信任评估的服务解析模板，由此提高系统的安全性和服务效率[15]。文献[16]针对"云-边"协同中的单边负载均衡问题，提出了基于修剪算法和强化学习的资源管理及任务部署策略，优化了系统的服务能力。文献[17]提出了"云-边"协作的物联网架构，对移动数据进行上下文分析，使用机器学习算法实时预测移动设备的位置，有效缓解了数据处理的延迟。文献[18]指出社交网络与物联网相结合的社交物联网包含大量行为传播和信息传播的数据，其信息预测和管理至关重要，进而提出基于区块链的"云-边"协作架构，由此保障数据传播的可追溯性和安全性。

但是"云-边"协同忽略了端边设备间的横向关系及设备与"云-边"的纵向关系，导致设备本身的自主性无法被积极利用。因此，目前已有部分研究者开始关注于 CET 的服务架构搭建。具体地，在 CET 协同服务架构中，尽管大规模多输入多输出 (multiple-input multiple-output，MIMO) 和非正交多址接入 (non-orthogonal multiple access，NOMA) 等在内的物理层信号处理技术可以通过提高信噪比 (signal-to-noise ratio，SNR) 和信干噪比等参数来优化服务承载能力和 QoE，但是，大量并发实时业务请求之间的资源争用会产生明显的悬崖效应和阈值效应，严重影响 QoE 和资源利用率[19]。就 CET 协作中的无线域而言，互联节点的异构性、射频的开放性、资源的有限性[20]以及网络状态的动态性都会导致协作不匹配、连接间断、资源争用，引发业务分发过程中的网络安全风险[21]。具体来说，基于协作的业务分发策略忽视了边缘节点和终端用户之间的水平关系，还有不对称但重叠的拓扑结构中存在的资源浪费问题。更加严重的是，恶意或自私节点的行为可能会对边缘设备 (即终端用户携带的智能设备) 协作产生负面影响[22]。在这种情况下，需要研究人员提出高效、轻量级的信任管理方法，并对于具有间接连接的节点行为进行合理评估，此外，还需要深入研究"云-边"的资源特性，实现分层、多样化、安全、智能的资源配置[23,24]。值得注意的是，终端用户存在不同的质量和内容偏好的趋势，需要考虑时变的个性化上下文和语义因素[25]。现有的研究将光域和无线域分开，为光域和无线域设计单独的分发策略，忽略了分层 CET 协作的显著优势。鉴于此，本章将以多媒体业务中的视频数据流量为主要研究对象，介绍 CET 架构在该特定场景下带来的突破及性能增益。

2.2.2　"云-边-端"协同服务的主要挑战

由于节点异构、状态时变和资源受限等原因，传统以无线视频为中心的网络存在协作不匹配、连接中断和资源竞争的问题，同时，视频服务的各种社会属性和关系影响终端设备和边缘节点之间的逻辑连接和物理拓扑，使得 B5G 和 6G 网络中的无线高清视频分发网络体系结构设计变得更加复杂。因此，研究人员应当致力于建立物理域、社会域相互信任的 CET 架构。此外，在 CET 协同服务的架构模型下，上下文感知、信任管理、协同分发机制还有待进一步研究。

针对上下文感知，传统的传输架构中，服务设备总是仅仅响应智能设备的请求，而忽略了自身与智能设备之间的内生关系，即不关心智能设备的移动模式、不断发展变化的兴趣、内容偏好和协作意愿等，进而无法对终端时变的上下文和语义特征进行分析。事实上，属性相似的节点具有紧密的关系，并可共享相似兴趣的视频。因此，合理感知请求用户与边缘节点的内生关系对视频的高效传输至关重要。

针对信任管理，在数据业务的传输过程中，通常需要中继节点建立从用户到云的固定物理链路，但由于数据传输路径上存在非协作节点或恶意节点，其利用终端、边缘节点、云中心协作过程中射频的开放性恶意丢弃或者窃取数据，对视频分发体系结构的鲁棒性造成了严重威胁。由此可见，协作过程中节点的交互行为在很大程度上影响着系统性能，而节点自身的主观性会决定其是否参与积极协作。现有 CET 架构忽略了对节点的协作意愿、协作行为和历史的分析，无法保障数据业务的可靠协作传输，因此，迫切需要制定节点间信任等级量化机制，为节点的交互行为提供指引。

针对协同分发，由于传统云中心的容量和响应能力受通信基础设施的严重限制，不能有效地处理大量的并发请求，因此，如何有效利用边缘节点间的水平协作关系值得进一步思考。同时，用户对请求内容的质量和偏好均存在差异，如何根据设备的时变上下文特征和视频的语义特征对传输进行解耦，实现数据业务的主动\响应式缓存，进而保障不同用户的个性化和细粒度服务性能值得深入研究。

2.3　内生关系感知的"云-边-端"协同服务架构模型

本章充分考虑异构网络资源之间的内生关系，提出面向视频分发网络中带有内生关系感知的"云-边-端"（endogenous relationship aware CET，eCET）协同服务架构，由此协调 CET 协作方式，大幅度提高视频为中心网络的吞吐量、安全性及 QoE。具体地，eCET 基于内生关系感知和深度学习来分析动态无线信道状态、复杂的端到端物理链路、异构传输介质和时变网络状态，解决传统的无线视频分发网络所面临的问题。

如图 2.2 所示，eCET 包含云层、边层和端层。具体来说，传统互联网数据中心中资源丰富的服务器集群构成了具有最强大有限通信、缓存和计算（communications, caching, computing, 3C）能力的云层；边层由具有相对较强 3C能力的边缘计算服务器构成。端层由具有 3C 资源的智能设备组成，eCET 中的智能终端向本地边缘服务器发送请求，边缘服务器直接响应这些请求，处理边缘服务器请求的云数据中心也负责边缘节点管理。此外，边层与云层协同感知智能设备和边缘节点之间的纵向和横向关系，从而对社会域和物理域之间的关系进行建模。此种从社会域到物理域的关系映射可以用来分析不断演化的协作行为，并进一步评估智能设备和边缘节点之间的信任关系。然而，节间关系的复杂性是由各种因素造成的，包括移动模式、不断发展变化的兴趣、内容偏好和协作意愿。因此，边缘服务器应当利用智能终端时变的上下文和语义特征，对多媒体业务进行适当缓存或主动缓存，即根据预测结果在潜在多媒体业务请求到达之前完成缓存。在数据业务分发过程中，边与云协同完成跨域内容分发，边与设备协同自动调整终端用户的质量级别版本。

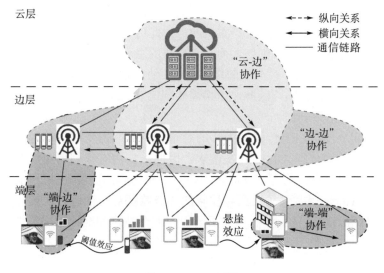

图 2.2　eCET 架构

具体地，以多媒体业务中的视频请求为例，eCET 旨在筛选不同类型网络元素之间的逻辑和社会异质性，基于内生关系分析和深度学习模型评估所有节点之间的纵向和横向关系，建立在物理域、社会域相互信任的 CET 架构，实现高效的网络视频内容传输。首先，考虑所有网络元素之间显式和隐式信任关系的演化，以及社会关系强度、信任关系强度和内容相似度等参数，建立对非合作节点行为和外部环境具有较强鲁棒性的信任管理模型；其次，针对用户对内容类型和播放质量的不同需求，建立"云-边"协作模型，利用内容请求特征和连接状态主动缓存视频内容；最后，结合光域和无线域的特点，在 eCET 中实现基于 CET 协作的视频内容传输，具体包含上下文感知、信任管理和协同分发三个协作视频分发过程。

2.3.1　上下文感知

在传统视频传输之前，必须通过一个或者多个中继建立从用户到云的固定物理链路。然而，充分利用请求用户之间的横向关系和终端用户与边缘节点之间的纵向关系，优化边缘的视频分发，可以减轻核心网的流量负担。因此，在 CET 协作中，合理匹配请求用户与边缘节点对于视频的高效传输至关重要。

通过 Infocom05 和 Infocom06 等数据集的验证发现，研究人员在不同会议场所携带的无线设备的轨迹与其社会属性具有强关联性。因此，在提高网络性能的过程中，节点的社会属性与网络可用性、资源约束等因素同等重要。由于社会属性主要由固定属性(如性别、公民身份、出生日期)和演化属性(如行为、兴趣、偏好)组成，这些不确定性使得社会属性的准确获取和社会关系的持续维持变得复杂。针对敏感的社会属性，可采用局部差分隐私模型保障数据安全，但该方法增加了私有数据的噪声，因此，需要新的聚类方法达到隐私信息保护的目的。从逻辑上讲，具有相似属性的节点可以自发地形成虚拟社区，其中属于同一社区的节点具有紧密的关系并共享相似兴趣的视频。因此，可充分利用这个虚拟社区结构，促进本地内容共享，达到减轻骨干路径传输压力的目的。

针对虚拟社区的非对称性和重叠性，可采用基于自适应密度的模糊聚类方法分析边缘节点之间的横向关系，建立社区结构。传统的聚类方法产生固定数量的聚类，不适用于 eCET 中视频分布的动态场景，而基于密度的聚类方法具有更强的泛化能力，可采用参数自适应的方法处理水平关系，并相应地调整聚类数。利用密度估计得到邻域半径，并生成样本阈值、邻域参数，最终得到最优聚类数。随后，基于模糊聚类将虚拟社区的形成建模为约束优化问题，从而获取感知节点对虚拟社区的隶属度，捕捉重叠社区中节点间复杂的社会关系。

与水平关系不同，垂直关系反映了智能设备与其连接的边缘服务器之间的关联，揭示了内容偏好对关系强度的影响。直观地说，垂直关系可以通过传输链路的物理参数来评估，包括连接持续时间、连接间隔等。此外，在"云-边"协作中，承载不同的业务流的多个边缘节点由同一个云中心支持，因此，可以根据交互历史捕获连接状态和规律性的指示符(例如，请求内容的类型、用户密度、请求频率)，进而更加准确地估计后续视频传送的链路质量和链路容量。

综上所述，通过感知横向和纵向关系，eCET 可以充分利用 CET 协作，合理高效地分配异构资源。

云层、边层和端层以及逻辑链路的不均匀分布导致物理域中的指标(例如，链路质量、连接强度、连接频率)在业务传输过程中发生巨大变化。同时，携带智能设备的用户在内容偏好、用户兴趣、日常习惯等方面不同，且他们之间的社会关系直接影响着协作意愿。社交关系紧密、合作意愿强的用户，很可能保持稳定的、规律的连接状态。因此，可以通过分析物理域和社会域中链路的互联关系，选择社会关系更强的链路来提高视频传输效率。

本章提出的 eCET 基于深度学习来映射物理域和社会域中链接之间的关系，生成物理-社会协作模型来准确评估 CET 协作中逻辑链接的质量。云层数据中心凭借其强大的计算能力，采用最小二乘支持向量回归和深度稀疏自动编码器，准确感知物理域和社会域链接之间的映射关系。值得注意的是，物理-社会协作模型同时考虑了边缘节点之间的社会关系和请求相关性，优化了异构资源的分配，保证了高清视频传输路径的鲁棒性。具体边缘节点之间的物理-社会协作模型如图 2.3 所示。

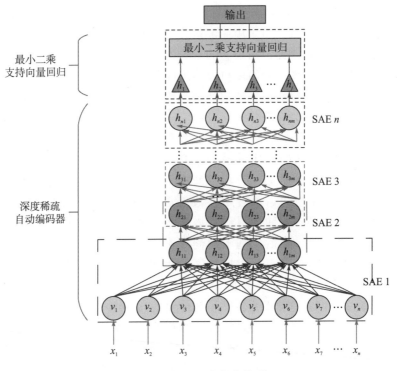

图 2.3   物理-社会协作模型

深度稀疏自动编码器从输入的物理社会映射关系中提取特征，每个稀疏自动编码器(sparse auto encoder，SAE)包含编码、隐藏和解码过程，也称编码层、隐藏层和解码层。SAE 采用贪婪分层训练方法进行所谓的深稀疏编码，隐藏层的数量决定了特征抽象的层次，模糊和简单的边缘特征被聚合为具有一定意义的复杂特征。本章提出的 eCET 中的深度稀疏自动编码器，首先将重建损失最小化，得到边缘节点间物理社会链路的关系映射特征集；然后将特征集输入最小二乘支持向量回归模型进行分类；最后量化物理-社会映射关系，准确评估 eCET 中的所有逻辑链接质量。

2.3.2　信任管理

在任何基于协作的体系结构中，节点的交互行为都会直接影响系统性能，特别是当视频分发涉及异构节点之间的跨域链路时。不幸的是，并不是路径上的所有节点都主动地参与协作过程，一方面，受其社会属性负面影响的节点可能会破坏视频分发的过程，另一方面，物理资源(如电池电量、信道质量、流量负载等)受到限制的节点必然存在自私行为，降低协作意愿。因此，在复杂的网络拓扑结构和异构链路中，需要分析各个节点的协作意愿、协作行为和协作历史，以保障安全平稳的视频传输。

节点间的协作意愿具有很强的主观性，可以通过节点间的信任强度来反映，并且需要对其进行合理的量化分析。在视频分发场景下，本章定义了显式信任和隐式信任来评价节点间的协作水平，其中显式信任依赖于任意两个相邻节点之间的交互历史，隐式信任则反映了其他节点对某个相邻节点的信任等级，该方法消除了稀疏链路分布对显式信任的影响。

显式信任利用节点的历史行为来生成信任级别的指标，考虑到 eCET 中的层级协作，可以从物理、社会和行为的角度来评估显性信任。节点的固有属性决定了节点间的物理信任，而物理信任不会随时间或位置的变化而变化。相比之下，社会信任依赖于社会属性，而社会属性是时变的，并且随着协作数据传递的持续变化而不断更新。更具体地说，社会信任可以进一步分为直接社会信任和间接社会信任，这些社会信任可以通过连接频率、连接持续时间、连接时间分布等参数进行评估，此外，本章采用社会网络分析理论和贝叶斯定理，分析上述物理模型以及社会成分，进而推导显式信任的后验概率分布和演化。

隐式信任决定了没有交互历史的节点间信任等级，尽管基于直接交互历史的显式信任是高度可靠的，但是给定节点的邻居数量有限，使得其邻居列表中存在没有出现的节点，导致难以准确评估信任关系。本章充分利用多个社会属性之间的相互依赖性，并使用预定义的算法和参数来描述隐式信任。然而，这些属性之间的关系通常是不确定的，预先定义的参数无法精确描述，此外，恶意节点可以伪造其社会属性来提高其信任度。因此，必须深入分析社会属性之间的相关性，以评估该类节点的信任水平。在分布式协作场景中，由于缺乏全局信息，隐式信任的评估带有显著的局部特征。为了平衡评估的准确性和响应性，可在云计算中心部署离线算法，利用大量可用的数据样本，确定这些社会属性对隐性信任的影响程度。例如，通过粗糙集方法处理不确定性信息并将评估结果反馈给边缘节点，然后边缘节点采用在线算法更新终端用户的隐式信任。可见，此种"云-边"协作有利于降低计算复杂度，提高响应速度。

然而，显式信任可能被有意伪造，误导节点的间接信任等级，因此 eCET 引入区块链技术，实现抗篡改、可验证、透明的链上信任管理。由于公共链实现(如比特币)的工作量证明(proof-of-work，PoW)共识机制既耗费时间又耗费资源，可见，使用这种共识机制来验证或更新信任不切实际。因此，eCET 将经典区块链模型中耗时和耗能的反向哈希计算去除，实现其轻量化的信任管理，并定义了用于认证的信任值，对于电池寿命和计算能力非常有限的终端节点来说，此种方式显著提升了可用性。

协作行为监测和分析是信任管理的另一个重点，终端用户的社会关系和信任关系千差万别，同时，在协同视频传输中，终端用户的转发行为和内容类型也并不相同。但是由于相似的社会属性和频繁的交互，具有密切社会信任关系的节点将具有相似的内容偏好和强烈的协作意愿，进而导致其传输列表中的视频内容高度相关。因此，在建立协作行为分析模型时，不仅要考虑社会关系和信任关系的强度，还要考虑视频请求的相似性，由此捕捉这些因素之间的相互依赖关系，实现高效的端到端视频传输。值得注意的是，在许多其他网络场景中，恶意节点行为可能与极端信道条件下数据包传输丢失相混淆，但幸运的是，由于用户的移动性和边缘服务器位置的固定性，eCET 可以通过学习机制区分这两种状况。深度卷积神经网络是一种典型的多层前向机器学习方法，其通过人工神经元对邻近神经元做出响应，揭示其中的相互依赖性。

图 2.4 展示了基于深度卷积神经网络的 eCET，包括卷积层、全连接层和损失函数层。云层使用深度卷积神经网络感知边缘节点间转发视频内容的社会/信任关系和历史，其中视频图像由卷积层编码/反卷积层解码，网络权重根据最小的重建损失进行调整，随后，通过前馈和反向传播算法对网络参数进行微调，利用视频特征从像素级/灰度级到关键词级/抽象级，揭示边缘节点传输的视频内容项与其社会/信任关系之间的复杂相互依赖关系。对于资源相对有限的边缘节点来说，通过去除不重要通道及其对应的卷积核，稀疏化深度网络的稠密结构，对参数化深度卷积神经网络进行剪枝。

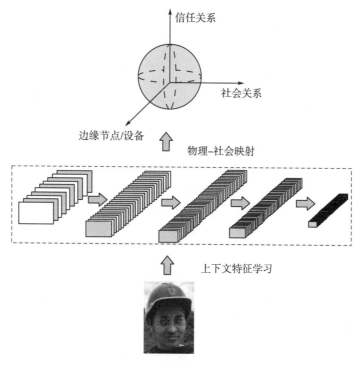

图 2.4   基于深度卷积神经网络的 eCET

2.3.3   协同分发

研究表明，网络基础设施的发展无法满足视频数据流量的激增。尽管上述的上下文感知和信任管理功能可以协调 eCET 中异构但可互操作的资源，并利用它们之间的社会关系来促进视频分发效率，但由于 CET 协作的垂直结构，云层本身不能有效地处理大量的并发请求，因此，需要有效利用边缘节点之间的水平协作关系。eCET 聚合了主动和响应式缓存，以实现协作视频分发，其中传输路径被解耦为云-边、边-端和端-端之间。具体来说，主动缓存将视频流量从云端卸载到边缘，而事件驱动的转发则响应式地在本地完成传输。

目前，视频传输在信息网络服务中占主导地位，而传统云数据中心的容量和响应能力受到通信基础设施瓶颈的严重限制，进而对 QoS 和 QoE 产生了负面影响。例如，给定物理区域中的多个终端用户可能会请求相同的视频内容项，而集中式视频服务会串行地处理这些请求并重复地发送相同的数据包，造成严重的网络资源浪费，另外，不同服务类型的需求差异很大，终端用户的内容和质量偏好也存在差异。因此，集中式的视频服务无法保证不同用户的个性化和细粒度的服务性能。

针对这一结构缺陷，eCET 分析设备的时变上下文特征和视频的语义特征，在边层主动缓存请求的视频项，从而减轻流量负担，减少传输时延，提高 QoE。此外，由于资源受限，为了提高主动缓存的效率，还应该考虑以下因素。

(1)边缘节点和云中心之间的垂直关系，主要由它们的部署位置决定，并且直接影响到所支持的服务。因此，可以分析边缘节点的服务历史来捕获本地内容偏好，采用推荐算法来主动缓存边缘节点视频，并使用转码策略来提供差异化的播放体验。

(2)边缘节点和终端用户之间的垂直关系由成员等级决定，可以用来精确定制视频服务，缩短传输路径中的跳数，提高 QoE。

(3)终端用户之间的横向关系，由其社会属性决定，可以实现社区分组。这种基于社交网络分析理论的社区结构可以与视频语义相结合，生成按内容类型或播放质量标记的视频交付组，其中终端用户之间的视频转发可通过设备到设备 (devices-to-devices，D2D)低成本通信方式实现。

视频服务的整体交付过程从云开始，通过边层到端层，包含光和无线传输介质。由于这种跨域特性，应研究前程/中程/回程和光/无线链路的属性，以提高 eCET 中 CET 协作的鲁棒性和效率。如图 2.5 所示，无线接入网络由集中式单元 (centralized unit，CU)、分布式单元(distributed unit，DU)和有源天线单元(active antenna unit，AAU)组成，分别负责非实时、实时协议/服务处理和射频收发。前程链路是指 AAU 和 DU 之间的链路,而回程链路是指 CU 和核心网络之间的链路。更具体地说，核心网络与 CU 在光域中的协同路由视频业务作为"云-边"协作，而 AAU 与智能设备在无线域协作或采用 D2D 通信作为"边-端"协作。

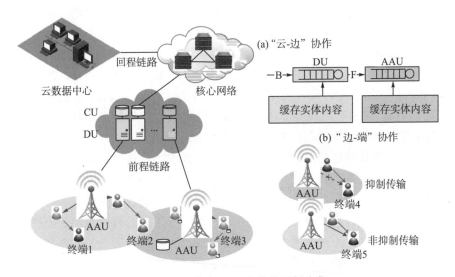

图 2.5　基于安全 CET 合作的视频分发

对于"边-端"协作，根据射频资源的可用性，选择性地采用抑制/非抑制的视频传输模式。射频资源不足的情况下，利用非抑制传输技术，实现 AAU 和用户使用的时频资源块同步，达到保障 QoS 的目的。射频资源充足的情况下，利用基于正交资源块的抑制协作来传输视频数据，提高系统吞吐量。然而，用户的移动会导致网络不稳定以及蜂窝间切换的问题，eCET 可自适应地切换质量版本，以优化视频播放体验。这种质量版本切换和转码旨在充分利用可用带宽资源，减少频繁切换，消除重缓冲事件造成的回放中断，避免用户流失。

对于"云-边"协作，光和无线领域的传输介质容量存在显著的不同，如果数据的处理能力与回程流量不匹配，则数据将积压在 DU 上。因此，资源分配算法需要在解决资源争用的同时保障 QoE。值得注意的是，云层可以采用时间戳和基于属性的加密算法来保护内容版权。

2.4　本 章 小 结

本章主要介绍了内生关系感知的"云-边-端"协同服务架构，该架构主要包含云中心、边缘节点和终端等元素，秉持提高无线基础设施安全性能和利用率的原则，尽可能屏蔽各种网络元素之间的逻辑和社会异构性，提供合理的上下文感知、信任管理和协作分发方案。具体地，针对视频中心网络中协作不匹配、连接中断和资源竞争的问题，利用节点的社会属性进行上下文感知，挖掘请求用户之间的横向关系和终端用户与边缘节点之间的纵向关系，优化边缘节点的视频分发机制，进而减轻核心网的流量负担；通过节点间的信任强度量化节点的协作意愿，并实时对协作行为进行监控和分析；利用边缘节点的水平协作关系，兼容主动和响应式缓存，保障用户个性化和细粒度的服务性能。

参 考 文 献

[1] Donno M D, Tange K. Dragoni N. Foundations and evolution of modern computing paradigms: Cloud, IoT, edge, and fog[J]. IEEE Access, 2019, 7: 150936-150948.

[2] Wu Y L. Cloud-edge orchestration for the internet-of-things: Architecture and AI-powered data processing[J]. IEEE Internet of Things Journal, doi: 10.1109/JIOT.2020.3014845.

[3] Gong C, Lin F H, Gong X W, et al. Intelligent cooperative edge computing in internet of things[J]. IEEE Internet of Things Journal, 2020, 7(10): 9372-9382.

[4] Cao B, Zhang J T, Liu X, et al. Edge-cloud resource scheduling in space-air-ground integrated networks for internet of vehicles[J]. IEEE Internet of Things Journal, doi: 10.1109/JIOT.2021.3065583.

[5] Liu Y Q, Peng M G, Shou G C, et al. Toward edge intelligence: Multiaccess edge computing for 5G and internet of

things[J]. IEEE Internet of Things Journal, 2020, 7(8): 6722-6747.

[6] Zhang Y, Wei H. Risk-aware cloud-edge computing framework for delay-sensitive industrial IoTs[J]. IEEE Transactions on Network and Service Management, doi: 10.1109/TNSM.2021.3092790.

[7] Mavromatis A, Colman-Meixner C, Silva A, et al. A software-defined IoT device management framework for edge and cloud computing[J]. IEEE Internet of Things Journal, 2020, 7(3): 1718-1735.

[8] Cao K, Hu S Y, Shi Y, et al. A survey on edge and edge-cloud computing assisted cyber-physical systems[J]. IEEE Transactions on Industrial Informatics, doi: 10.1109/TII.2021.3073066.

[9] Ding C T, Zhou A, Liu Y X, et al. A cloud-edge collaboration framework for cognitive service[J]. IEEE Transactions on Cloud Computing, doi: 10.1109/TCC.2020.2997008.

[10] Yuan X Q, Sun M T, Lou W J. A dynamic deep-learning-based virtual edge node placement scheme for edge cloud systems in mobile environment[J]. IEEE Transactions on Cloud Computing, doi: 10.1109/TCC.2020.2974948.

[11] Wang H X, Liu T T, Kim B G, et al. Architectural design alternatives based on cloud/edge/fog computing for connected vehicles[J]. IEEE Communications Surveys & Tutorials, 2020, 22(4): 2349-2377.

[12] Zhang Y M, Lan X L, Ren J, et al. Efficient computing resource sharing for mobile edge-cloud computing networks[J]. IEEE/ACM Transactions on Networking, 2020, 28(3): 1227-1240.

[13] Ren J K, Yu G D, He Y H, et al. Collaborative cloud and edge computing for latency minimization[J]. IEEE Transactions on Vehicular Technology, 2019, 68(5): 5031-5044.

[14] Hu X Y, Wang L F, Wong K K, et al. Edge and central cloud computing: A perfect pairing for high energy efficiency and low-latency[J]. IEEE Transactions on Wireless Communications, 2020, 19(2): 1070-1083.

[15] Wang T, Zhang G X, Liu A F, et al. A secure IoT service architecture with an efficient balance dynamics based on cloud and edge computing[J]. IEEE Internet of Things Journal, 2019, 6(3): 4831-4843.

[16] Dong Y M, Xu G C, Zhang M, et al. A high-efficient joint cloud-edge aware strategy for task deployment and load balancing[J]. IEEE Access, 2021, 9: 12791-12802.

[17] Ghosh S, Mukherjee A, Ghosh S K, et al. Mobi-IoST: Mobility-aware cloud-fog-edge-IoT collaborative framework for time-critical applications[J]. IEEE Transactions on Network Science and Engineering, 2020, 7(4): 2271-2285.

[18] Yi Y X, Zhang Z F, Yang L T, et al. Social interaction and information diffusion in social internet of things: Dynamics, cloud-edge, traceability[J]. IEEE Internet of Things Journal, 2021, 8(4): 2177-2192.

[19] Wang Y C, Wang L. Matching theory-based cooperative secure transmission strategy for social-aware D2D communications[J]. IEEE Transactions on Vehicular Technology, 2019, 68(10): 10289-10294.

[20] Sun R J, Wang Y, Cheng N, et al. QoE-driven transmission-aware cache placement and cooperative beamforming design in cloud-RANs[J]. IEEE Transactions on Vehicular Technology, 2020, 69(1): 636-650.

[21] Fu L Y, Zhang J P, Wang S Q, et al. De-anonymizing social networks with overlapping community structure[J]. IEEE/ACM Transactions on Networking, 2020, 28(1): 360-375.

[22] Zhao Y M, Song W, Han Z. Social-aware data dissemination via device-to-device communications: Fusing social and mobile networks with incentive constraints[J]. IEEE Transactions on Services Computing, 2019, 12(2): 489-502.

［23］Zhang T C, Mao S W. Joint video caching and processing for multi-bitrate videos in ultra-dense hetNets［J］. IEEE Open Journal of the Communications Society, 2020, 1: 1230-1243.

［24］Yaqoob T, Abbas H, Atiquzzaman M. Security vulnerabilities, attacks, countermeasures, and regulations of networked medical devices: A Review［J］. IEEE Communications Surveys & Tutorials, 2019, 21（4）: 3723-3768.

［25］He C F, Wang H Y, Hu Y, et al. MCast: High-quality linear video transmission with time and frequency diversities［J］. IEEE Transactions on Image Processing, 2018, 27（7）: 3599-3610.

第3章 "云-边-端"协同的轨迹隐私保护技术

LBS 以其个性化、实时性和移动性的特点成为当前最受欢迎的移动应用之一。目前，LBS 大多采用中心化的服务模式，用户高维度的轨迹数据直接暴露于云中心，存在严重的隐私风险和安全隐患。现有的隐私保护技术虽能在一定程度上保护用户轨迹隐私，却往往忽视了 LBS 提供者合理的数据需求(如改善服务的数据需求)，而去中心化 LBS 模式又存在服务质量难以保证和数据可用性差等问题。针对中心化 LBS 和去中心化 LBS 的种种弊端以及现有解决方案的不足，本章提出了"云-边-端"协同的轨迹隐私保护体系。该体系将 LBS 从云中心迁移到网络边缘，在匿名认证和位置/轨迹混淆机制的作用下，实现隐私性与可用性(包括服务可用性和数据可用性)的协调与统一。

3.1 轨迹隐私保护研究现状及主要挑战

3.1.1 国内外研究现状

目前，LBS 广泛应用于国民经济生活的各个领域，为人们提供了交通导航、社交应用、兴趣点检索、广告推送等多种便捷服务[1]。根据 Strategy Analytics 和皮尤研究中心研究数据，全球一半的人口拥有智能手机，且 90%的美国智能手机用户开启了位置服务。用户一旦使用了位置服务，其当前位置和历史轨迹就会暴露给 LBS 提供者。当用户被定位系统持续跟踪时，大量敏感的位置数据，如居住地址、工作地点、行进路线等，会被 LBS 提供者获取[2]。针对日益严重的隐私泄露问题，各国或地方政府出台了一系列隐私保护的法案或条例，如欧盟《一般数据保护条例》[3]、英国《数据保护法案》、瑞典《瑞典数据法案》、爱尔兰《2018 数据保护法案》、美国加利福尼亚州《消费者隐私法案》、中国《中华人民共和国网络安全法》和《中华人民共和国个人信息保护法》等。2021 年 7 月，国内排名第一的网约车平台"滴滴出行"因违反《中华人民共和国网络安全法》规定收集和使用个人信息，遭国家网信办通报下架。滴滴下架事件反映了当前个人轨迹隐私面临的严峻挑战，促使 LBS 提供者主动研究个体轨迹隐私保护技术，探索合法合规采集和使用个人轨迹数据的方法[4,5]。

现有的 LBS 模式主要包括中心化 LBS 模式和去中心化 LBS 模式两种[6]。中心化 LBS 模式的使用较为普遍，该模式下的轨迹隐私保护技术大致分为假名、泛化、假轨迹、差分隐私等[7,8]；去中心化 LBS 模式目前尚不成熟，上述轨迹隐私保护技术在去中心化 LBS 模式仍可以应用。以下将对目前常用的隐私保护技术进行简要介绍，本章所提的 CET 协同 LBS 模式本质上是区别于现有的多中心 LBS 模式，故不在本部分介绍。

1. 假名

所谓假名即使用无法跟踪的身份识别码（identity document，ID）来替换关联的名称。频繁更改假名是一种有效的位置隐私保护手段，但如果在不适当的时间或地点更改假名，则可能会使这种保护失效。针对这一问题，研究人员提出社交场合假名更换策略，以匿名集的大小度量位置隐私，引导用户在适当的时间和地点更换假名[9]。对于传统基于假名的位置隐私解决方案来说，隐私保护强度取决于同一场合相遇的用户数量，但大多数场合只有少数用户同时出现。基于此，研究人员提出了 MixGroup 方案，利用群签名机制，扩展假名更改区域，增加假名混合不确定性，提升位置隐私保护性能[10]。

2. 泛化

通过降低位置数据的时间或空间清晰度，泛化方法能够有效减少位置隐私泄露的风险。Huo 等[11]提出了一种称为"你可以独自行走"（you can walk alone，YCWA）的方法来保护轨迹隐私，与传统的 k-匿名化方法不同，该方法并不是简单地将 k 个轨迹匿名化，而是将轨迹上的停留点进行泛化。Huguenin 等[12]充分考虑泛化等位置隐私保护技术在社交网络签到应用中的实用性，提出使用机器学习方法来确定社交网络签到行为背后的动机，并且设计动机预测模型，对轨迹隐私保护的实用性进行评估。

3. 假轨迹

假轨迹是指在真轨迹中掺杂噪声信息来降低真实轨迹暴露的概率。相传曹操出殡时，72 具棺木同时抬出，即是假轨迹方法在现实中的应用。当前的假轨迹隐私保护方法，多是生成与用户的真实轨迹速度、方向及行为模式相似的假轨迹来达到以假乱真的效果，同时还需要控制真假轨迹的相似度距离，避免假轨迹与真实轨迹过于接近而泄露用户隐私[13]。

4. 差分隐私

差分隐私提供了一种与攻击者背景知识无关的数据保护方案，相比 k-匿名化、l-多样性和 t-近似等方法更具优势。Hua 等[14]提出了第一个基于差分隐私的通用时间-序列轨迹数据的位置泛化算法。Huang 等[15]为防止移动人群获知参与者的位置信息，令参与者从时间域上延迟向服务器提交有噪声的轨迹数据。该机制中每条轨迹可视为高维空间中的一个向量，真实轨迹在提交前会按照差分隐私模型给定的隐私级别进行扰动。所提出的机制既保证了参与者的轨迹隐私，又保留了轨迹的可用性。针对边缘计算应用场景，Bi 等[16]提出了一种满足差分隐私的位置数据采集机制。该机制通过 Delaunay 方法构造泰森多边形图对道路网络空间进行划分，然后确定边缘节点所在的区域，再利用随机扰动方法对每个原始位置数据进行扰动。

5. 去中心化 LBS

尽管上述隐私保护技术能一定程度上保护用户轨迹隐私，但在中心化 LBS 模式下，其隐私保护能力始终有限。针对此，有学者提出去中心化 LBS 模式。为削弱 LBS 中心对数据的掌控能力，研究人员提出了基于可信第三方(trusted third party，TTP)的位置隐私保护模式，用户的服务请求和服务器响应数据全部通过 TTP 转发。Yu 等[17]将 MEC 服务器视为 TTP，建立用户与 LBS 服务器的连接，同时根据用户的需求生成虚拟点，连接虚拟点形成虚拟轨迹。由于现实中并不存在完全可信的第三方，研究人员也相继提出了基于非可信、半可信第三方的方案，虽然能一定程度上克服中心 LBS 的弊端，但是却引入了新的信任和安全问题。Dimitriou 等[18]提出了一种去中心化、可否认的 LBS 方案，该方案允许用户否认自身位于特定位置，即使该位置已经被内部或外部方监控。在工业界，针对中心化 LBS 数据采集难题和隐私风险，Soar 和高维地球(GoWithMi)分别打造去中心化的超级地图，提倡去中心化位置服务和地图，把数据控制权归还给用户，通过完成任务赚取通证奖励等方式激励用户共建可信任的、透明的去中心化共享地图生态[19]。

中心化 LBS 模式下 LBS 提供者掌握的海量个体身份及轨迹数据使用户真实的身份和轨迹信息难以隐匿。尽管频繁更换假名、高度泛化、大混合区域等措施能够降低用户位置数据维度，提升隐私保护强度，但由此带来的数据不可用和服务资源浪费是 LBS 提供者难以接受的。差分隐私和假轨迹技术分别通过添加噪声和假数据来隐藏用户的真实轨迹，但对高维度的轨迹数据而言，这两种方法会使服务和数据的可用性大幅降低。而去中心化 LBS 模式虽能保证用户高维轨迹数据的隐私，却仍然存在资源浪费和服务质量降低的问题，并且会带来新的安全隐患(如"女巫攻击")。

3.1.2　当前存在的主要挑战

现有中心化和去中心化 LBS 模式的弊端使得用户的隐私性与数据及服务的

可用性难以兼顾。随着边缘计算技术的发展，MEC 服务器在 LBS 中的重要作用逐渐展露，但是仅作为降低 LBS 时延的工具或是去中心化应用的 TTP，并未摆脱传统中心化和去中心化 LBS 模式的桎梏。因此，研究人员应当致力跳出中心化和去中心化 LBS 的框架，构建 CET 多级协同的轨迹隐私保护新模式。此外，在 CET 协同的轨迹隐私保护模式下，匿名认证机制和位置/轨迹混淆机制尚需进一步研究。

针对匿名认证，云、边、端三方在匿名认证机制中扮演的角色和承担的职责需要进一步明确，现有基于零知识证明、群签名技术的匿名认证技术如何结合 CET 协同架构形成完善的、可执行的匿名认证方案还需要更深层次的研究。此外，还需提供可追踪和不可追踪用户身份的两种匿名认证方案以应对不同应用场景的需求。

针对位置/轨迹混淆，现有差分隐私机制虽能为用户位置/轨迹隐私提供数学意义上的严格保护，但却忽略了位置/轨迹数据的时空相关性，导致轨迹数据可用性降低。因此，需要在保证用户轨迹隐私的前提下，保障轨迹数据的可用性，实现隐私性与可用性的协调。

3.2 系统模型与基础理论

3.2.1 系统模型

本部分从保护轨迹隐私的角度，构建 CET 多级协同隐私保护系统，基于零知识证明和群签名技术设计不可追踪和可追踪用户身份的匿名认证方案，云、边、端三方协同完成用户匿名身份认证，将 LBS 服务从云服务器迁移到靠近用户的边缘计算主机，实现认证与服务的分离；应用本地化差分隐私(local differential privacy，LDP)技术，云、边、端三方协同完成数据的采集、聚集、处理与利用，实现隐私性与可用性的平衡。

"云-边-端"分布式数据中心架构、边缘计算平台服务接口标准、零信任安全架构以及可信计算技术为本系统的实现提供了硬件支撑和软件保障。遵循欧洲电信标准化协会(European Telecommunications Standards Institute，ETSI)行业规范工作组(Industry Specification Group，ISG)边缘计算平台标准规范[20]，系统架构(图 3.1)及各层功能设计如下。

(1)云层。指 LBS 提供者的云中心，而非运营商或 MEC 平台提供者的云中心。云中心通过移动互联网向 MEC 服务器和定位设备提供信息资源和基础服务，负责根据隐私风险预测结果设定用户组和隐匿区域，生成与发放组通证(group token，GT)，分析全局隐私态势，统计数据发布，更新全局地图等。

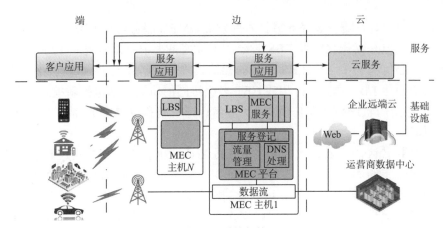

图 3.1　系统架构

(2) 边层。指 MEC 服务器，通常部署在网络边缘，包括 MEC 平台和以虚拟机或容器形式为服务提供的计算、存储、网络资源。MEC 平台为 MEC 应用和服务提供运行环境，负责流量管理、DNS 处理和主机 MEC 服务。云层对边层覆盖的地理区域进行逻辑划分得到隐匿区域，隐匿区域可以是单个 MEC 辖区的一部分或全部，也可以跨越多个 MEC 辖区。每个隐匿区域拥有一个 LBS 服务器，这是运行在 MEC 平台之上的逻辑服务器。LBS 与其他 MEC 服务，如位置服务、用户终端(user equipment，UE)认证服务，逻辑上隔离。

(3) 端层。指 UE，包括手机、汽车、智能可穿戴设备。用户终端通过位置服务确定自身的空间位置，在通过 UE 认证应用的验证后接入所在地 LBS 服务器。根据用户隐私设置和 LBS 类型，UE 将空间位置扰乱后，发送给 LBS 服务器，并对 LBS 服务器响应的数据进行修正。

云层、边层、端层三层在功能上既有分工，又有协作。主要的协作方式包括认证协同、数据协同和应用协同。

(1) 认证协同。以 MEC 服务器为验证者，UE 为证明者，云中心为协助者，三方协同工作，共同完成匿名身份认证过程。

(2) 数据协同。终端实时采集用户位置数据，敏感的位置数据经本地扰动处理后上传本地 LBS 服务器；本地 LBS 服务器对用户的数据进行实时处理，并及时提供相应的服务；匿名的轨迹数据经 LBS 服务器整理后上传云中心；云中心对各类数据进行汇总与分析，相关结果下发边层和客户端，为改善服务质量、提升用户体验、协调可用性与隐私性提供数据支持。

(3) 应用协同。本地 LBS 服务器根据 UE 发送的虚拟位置数据，为其提供基于位置的服务。对于需要多 LBS 服务器协同或超出本地 LBS 服务器能力的服务，则由云层负责协调和处理；UE 真实位置和虚拟位置的偏差对服务结果的影响由客户端进行修正。

3.2.2　零知识证明

在密码学中，零知识证明是证明者向验证者证明其知道某一个值 m 的方法。在证明过程中证明者不向验证者提供任何有关 m 的信息[21]。与公钥密码体制相似，零知识证明也是基于模 n 平方根、大整数分解、离散对数问题等几类数学问题。零知识证明必须满足以下三个属性。

(1) 正确性。证明者无法欺骗验证者，即若证明者不知道值 m，则使验证者相信他知道值 m 的概率很低。

(2) 完备性。验证者无法欺骗证明者。若证明者知道值 m，则证明者使验证者以绝对优势的概率相信他能证明。

(3) 零知识性。验证者无法获取证明者知道值 m 外的任何知识。

3.2.3　群签名

群签名是一种可撤销匿名性的签名技术，它能为签名者提供很好的匿名保护，在必要的时候，又能通过唯一的可信机构打开签名获得签名者的真实身份。在使用群签名方案的群体中，每一个成员都能用自己的私钥代表整个群体对消息进行签名[22]。

该群以外个体可以使用该群公开的群公钥对签名进行验证，以确定签名是否来自该群体中的一员。一般来说，一个安全的群签名方案应具有以下性质。

(1) 匿名性。给定一个群签名，除掌握群私钥的管理员，任何人都无法确定签名者的身份。

(2) 可跟踪性。掌握群私钥的管理员可以使用群私钥合法地打开签名，确定签名者的真实身份。

(3) 不关联性。在不打开签名的情况下，确定两个群签名是否出自同一个群成员是不可行的。

(4) 不可伪造性。只有群签名成员才能产生有效的群签名，其他任何人都不能伪造合法的群签名。

(5) 正确性。群签名者按合法步骤产生的签名一定是正确的签名。

(6) 抵抗联合攻击性。即使部分群成员联合也无法冒充其他成员进行签名。

3.2.4　本地差分隐私

差分隐私在数据的隐私保护程度及可用性之间有着严格数学定义，模型安全性与攻击者背景知识无关，受到工业界和学术界的广泛重视。差分隐私技术又分为集中式差分隐私 (centralized differential privacy，CDP) 和 LDP。其中，CDP 需要用户传输隐私数据到可信的云中心，并由云中心对数据进行差分隐私处理后发布。与 CDP 不同的是，LDP 不需要完全可信的云中心，用户直接在本地对数据进行随机扰动以实现有效的数据隐私保护[23]。其定义如下：

给定随机算法 A，定义域 $\text{Dom}(A)$，值域为 $\text{Ran}(A)$。若算法 A 在任意两条记录 x 和 x' $[x, x' \in \text{Dom}(A)]$ 上的输出结果与算法 A 值域上的所有输出结果 $O[O \in \text{Ran}(A)]$，满足下列不等式，则称 A 满足 ε-本地差分隐私：

$$\Pr[A(x) \in O] \leqslant \mathrm{e}^\varepsilon \Pr[A(x') \in O] \tag{3.1}$$

其中，ε 为隐私预算，其值越小则算法 A 的隐私保护程度越高。

从上式可知，本地差分隐私技术通过控制任意两条记录输出结果的相似性来确保算法 A 满足 ε-本地差分隐私，也就是根据隐私算法 A 的某个输出结果，几乎无法推理出其输入数据为哪一条记录。从这点也可以看出，对拥有强大背景知识的攻击者，LDP 也能很好地保护用户的数据隐私。

3.3　基于零知识证明和群签名的匿名认证方法

用户的身份验证主要由 MEC 服务器之上的认证服务完成。根据传统的身份验证方式，证明方须向验证方提供自身身份信息及有效证据。但是对用户而言，MEC 服务器及运行其上的认证服务都不是完全可信的。为保护用户身份隐私，本节针对无须追踪用户身份和需要追踪用户身份匿名认证场景，分别基于零知识证明和群签名方法，设计了两种匿名认证方案。MEC 服务器(验证者)在云中心的帮助下，无须获得用户(证明者)任何身份信息就能验证用户身份，确定用户 LBS 的权限。

3.3.1　基于零知识证明的匿名认证方法

本部分采用改进的 Guillo-Quisquater(GQ)协议实现用户身份的匿名认证，适用于无须追踪用户身份的场景。GQ 协议是基于零知识证明的身份鉴别方案，该方案需要证明者、验证者和可信赖仲裁者三方参与，完成三次传送。本部分以云中心为可信赖仲裁者 T，MEC 服务器为验证者 V，UE 为证明者 P，三方协同工作，共同完成匿名身份认证过程。

可信赖仲裁者 T 先选定 RSA(Rivest-Shamir-Adleman，里维斯特-沙米尔-阿德尔曼)的秘密参数 p 和 q，生成大整数模 $n = pq$ 公钥指数，其中，$\gcd(\varphi, e) = 1$，$\varphi = (p-1)(q-1)$，计算出秘密指数 $d = e^{-1} \bmod \varphi$，公开 (e, n)，各用户选定自己的参数。

证明者 P 选定唯一性身份 I_A，通过散列函数 H 变换得出 $y = rS_A^u \bmod n$ 相应散列值 $J_A = H(I_A)[1 < J_A < n \text{且} \gcd(J_A, j) = 1]$，仲裁者 T 向证明者 P 分配密钥函数

$S_A = (J_A)^{-d} \bmod n$。

单轮 GQ 协议三次传输的消息为

(1) 证明者 → 验证者：I_A，$x = r^e \bmod n$，$1 \leqslant r \leqslant n-1$，其中，$r$ 是证明者选择的秘密随机数。

(2) 验证者 → 证明者：验证者选择随机数 u，$u \geqslant 1$。

(3) 证明者 → 验证者：$y = r S_A^u \bmod n$。

具体协议描述如下：

(1) 证明者选择随机数 r，计算 $x = r^e \bmod n$，证明者将 (I_A, x) 送给验证者。

(2) 验证者选择随机数 u，$1 \leqslant u \leqslant e$，将 u 送给证明者。

(3) 证明者计算 $y = r S_A^u \bmod n$，送给验证者。

(4) 验证者收到 y 后，从 I_A 计算 $J_A = H(I_A)$，并计算 $J_A^u y^e \bmod n$。若结果不为 0 且等于 x，则可确认证明者的身份；否则拒绝证明者。

考虑 (e, n) 和 (d, n) 为云中心持有的密钥对，其中 (e, n) 为公钥，(d, n) 为私钥，基于零知识证明的匿名身份认证过程见图 3.2。

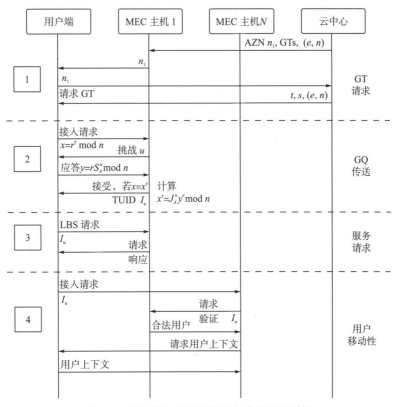

图 3.2　基于零知识证明的匿名身份认证过程

注：图中 TUID 为 temporary user identifier 的简称，译为临时用户识别号。

(1)云中心根据全局隐私态势和 MEC 服务器分布，将所有 MEC 服务器服务的区域划分为多个隐匿区域，将权限和使用偏好相近的用户划分为同一用户组，并为每一个隐匿区域和用户组分配隐匿区域编号和 GT。其后，云中心将所有 GT 安全传输到对应的 MEC 服务器。每个隐匿区域存在多个活跃用户组，为满足 k 匿名要求，任意用户组在其活跃的隐匿区域内的成员不得少于 k 名。

(2)用户端通过 MEC 服务器广播获得所在隐匿区域编号(anonymity zone number，AZN)n_1，并向云中心报告，同时请求该区域 GT。出于用户移动性和隐私考虑，用户可以向云中心报告邻近多个隐匿区域的编号。

(3)云中心找到用户所在区域对应用户组的 GTg_t，并使用私钥(d,n)对 g_t 进行签名得到关于身份 g_t 的证据 S_g，将 g_t 和 S_g 安全传输到用户端。

(4)用户端与 MEC 服务器按照改进后的零知识证明 GQ 协议完成认证。

①用户端向 MEC 主机发送认证请求，具体过程如下：用户端生成随机数 r，使用公钥(e,n)对 r 进行加密，得到原始值 c，该值将用于其后的校验过程，用户端将 c 传输到 MEC 主机；

②MEC 主机生成随机挑战 u，并将 u 传输到用户端；

③用户端根据随机数 r，u 和身份证据 S_g，计算响应值 y。MEC 主机不能根据响应值 y 和已有知识在合理计算时间内还原身份证据 S_g 和随机数 r；

④MEC 收到响应值 y 后，根据随机数 u、公钥(e,n)和 T_g 计算校验值 c'。如果 c' 等于 c，则确认。

(5)MEC 主机为每个通过认证的用户临时分配全局唯一的 TUID，并通报本匿名区域的 LBS 服务器。

(6)用户端向本地 LBS 服务器请求服务，LBS 核实用户 TUID 后做出响应。

(7)当用户移动到新的隐匿区域，且当前使用的 TUID I_u 未经过所在地 MEC 主机的认证时，用户有如下选择：

①请求当前所在地 MEC 主机对 I_u 进行认证；

②使用新的 AZN 认证过的且仍然有效的 TUID；

③向当前所在地 MEC 主机申请新的 TUID I'_u。

对需要存储服务状态信息的应用，当前所在地 MEC 主机还会请求用户上下文。根据用户的隐私设定和实际需求，这些上下文信息可存储在用户端应用程序(application，App)、MEC 主机或云中心上。

3.3.2　基于群签名的匿名认证方法

由于无法跟踪用户身份，基于零知识证明的匿名认证不适合可能产生争议的应用场景。本部分采用改进的批量群签名算法[24,25]实现用户身份可追踪的匿名认证。群签名特有的数学特性使群中任意成员都能代表整个群体对消息进行签名，使攻击者无法辨别群中具体成员及其成员信息。通常，群签名的算法流程如下。

(1)创建。群管理员选择一个多项式时间算法用来生成群公钥和群私钥；通过交互式协议，为群中每个成员生成私钥，并将私钥分发给每个成员。

(2)签名。群成员使用自己的签名私钥和身份证书，执行签名算法，生成合法的消息签名。

(3)验证。验证者利用群公钥对接收到的签名执行验证算法，判断签名是否为该群合法成员的签名。

(4)打开。群管理员利用群私钥执行追踪算法，追踪到真实签名者。

为使 MEC 服务器在不获知用户真实身份的前提下能及时验证大量的签名数据，本部分所提出的机制使用了可批量验证的群签名方法。基于群签名匿名认证方案(图 3.3)中，云中心为每个用户组生成群公/私钥对并广播群公钥；为用户组内每个成员生成私钥并将其分发至相应的用户。用户按照群签名算法对自己部分偏好设置进行签名，再将签名结果发送 MEC 服务器。MEC 服务器对同组用户的签名结果进行批量验证，为通过验证的用户提供服务。当发生争议时由云中心打开签名进行仲裁。具体步骤如下。

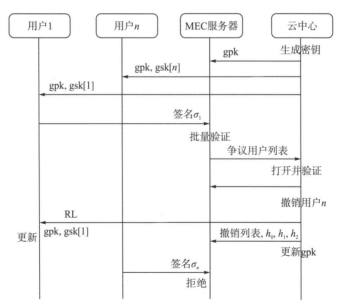

图 3.3 基于群签名的匿名认证方案

云中心随机选择一个生成元 $g_2 \in G_2$，随机数 $\lambda \in Z_p^*$，$\gamma \in Z_p$，$h, u, v \in G_1$，$s_1, s_2 \in Z_p$，满足 $u^{s_1} = v^{s_2} = h$。其中，G_1 和 G_2 是加性循环群，Z_p 表示小于 p 的正整数集合，Z_p^* 表示小于 p 且与 p 互质的剩余正整数的集合。令 $w = g_2^\gamma$，为每个用

户 $i(1\leqslant i\leqslant n)$ 生成一对 q 强 Diffie-Hellman 对 (A_i, x_i)，其中，n 为群中的用户数；x_i 为选自 $\boldsymbol{Z}_p$ 的随机数，满足 $A_i = g_1^{\frac{1}{x_i+\gamma}}$。

群公钥 $\mathrm{gpk} = (g_1, g_2, h, u, v, \lambda, w)$，只由云中心掌握的群私钥为 $\mathrm{gmsk}(s_1, s_2)$，用户 i 的私钥 $\mathrm{gsk}[i] = (A_i, x_i)$。

如果用户 i 想使用 MEC 主机 j 的服务，他可以使用 gpk 和 $\mathrm{gsk}[i]$ 签名消息 $M_i \in \{0,1\}^*$，消息中包含用户 i 的一些偏好设置。用户 i 选择随机数 $\alpha_i, \beta_i \in \boldsymbol{Z}_p$，$r_{\alpha_i}, r_{\beta_i}, r_{x_i}, r_{\delta_i}, r_{\mu_i} \in \boldsymbol{Z}_p$，并设置 $T_{1,i} = u^{\alpha_i}$，$T_{2,i} = v^{\beta_i}$，$T_{3,i} = A_i h^{\alpha_i+\beta_i}$，$\delta_i = \alpha_i x_i$，$\mu_i = \beta_i x_i$。

为得到证据 c_i，五元组 $(R_{1,i}, R_{2,i}, R_{3,i}, R_{4,i}, R_{5,i})$ 设置如下：

$$\begin{cases} R_{1,i} = u^{r_{\alpha_i}} \\ R_{2,i} = v^{r_{\beta_i}} \\ R_{3,i} = e(T_{3,i}, g_2)^{r_{x_i}} e(h, w^{-r_{\alpha_i}-r_{\beta_i}} g_2^{-r_{\delta_i}-r_{\mu_i}}) \\ R_{4,i} = T_{1,i}^{r_{x_i}} u^{-r_{\delta_i}} n \\ R_{5,i} = T_{2,i}^{r_{x_i}} v^{-r_{\mu_i}} \end{cases} \tag{3.2}$$

指数参数设置为

$$e_{M_i} = H(M_i \| T_{\mathrm{stamp}_i}) + T_{1x,i} + T_{2x,i} + T_{3x,i} + R_{1x,i} + R_{2x,i} + R_{4x,i} + R_{5x,i} \tag{3.3}$$

其中，$H : \{0,1\}^* \to \boldsymbol{Z}_p$ 是 Hash 函数；任意标量中的下标 x，如 T_{1x}，代表该变量的 x 分量。接下来，用户 i 按下式生成证据：

$$c_i = (R_{3,i} \lambda^{e_{M_i}}) \bmod p \tag{3.4}$$

设置下列五参数 $s_{\alpha_i} = r_{\alpha_i} + c_i \alpha_i$，$s_{\beta_i} = r_{\beta_i} + c_i \beta_i$，$s_{x_i} = r_{xi} + c_i x_i$，$s_{\delta_i} = r_{\delta_i} + c_i \delta_i$ 和 $s_{\mu_i} = r_{\mu_i} + c_i \mu_i$ 后，用户 i 生成如下签名：

$$\sigma_i = (T_{1,i}, T_{2,i}, T_{3,i}, c_i, s_{\alpha_i}, s_{\beta_i}, s_{x_i}, s_{\delta_i}, s_{\mu_i}) \tag{3.5}$$

最终包含签名的消息 $\mathrm{msg}_i = (M_i, T_{\mathrm{stamp}_i}, \sigma_i)$ 被送到 MEC 主机验证。

MEC 主机使用 gpk 验证来自群成员 i 的消息 msg_i。首先使用 gpk 和 σ_i 计算如下五元组。

$$\begin{cases} \tilde{R}_{1,i} = T_{1,i}^{-c_i} u^{s_{\alpha_i}} \\ \tilde{R}_{2,i} = T_{2,i}^{-c_i} v^{s_{\beta_i}} \\ \tilde{R}_{3,i} = e(T_{3,i}^{s_{x_i}}, g_2) e(T_{3,i}^{c_i}, w) e(h, w)^{-s_{\alpha_i}-s_{\beta_i}} e(h, g_2)^{-s_{\delta_i}-s_{\mu_i}} e(g_1, g_2)^{-c_i} \\ \tilde{R}_{4,i} = T_{1,i}^{s_{x_i}} u^{-s_{\delta_i}} \\ \tilde{R}_{5,i} = T_{2,i}^{s_{x_i}} v^{-s_{\mu_i}} \end{cases} \tag{3.6}$$

其次，计算指数参数：

$$\tilde{e}_{M_i} = H(M_i \| T_{\text{stamp}_i}) + T_{1x,i} + T_{2x,i} + T_{3x,i} + \tilde{R}_{1x,i} + \tilde{R}_{2x,i} + \tilde{R}_{4x,i} + \tilde{R}_{5x,i} \tag{3.7}$$

最后得到验证值:

$$\tilde{c}_i = (\tilde{R}_{3,i} \lambda^{\tilde{e}_{M_i}}) \bmod p \tag{3.8}$$

如果 $c_i = \tilde{c}_i$,则 MEC 主机接受 msg_i,否则拒绝 msg_i。

如果边缘服务器同一时间接收到多则消息 msg_1,msg_2,$\cdots$,msg_n,且能够批量验证这些消息。所有消息五元组对应元素的乘积计算如下:

$$\begin{cases} \prod_{i=1}^n \tilde{R}_{1,i} = \prod_{i=1}^n T_{1,i}^{-c_i} \prod_{i=1}^n u_i^{s_{\alpha_i}} \\ \prod_{i=1}^n \tilde{R}_{2,i} = \prod_{i=1}^n T_{2,i}^{-c_i} \prod_{i=1}^n v_i^{s_{\beta_i}} \\ \prod_{i=1}^n \tilde{R}_{3,i} = e(\prod_{i=1}^n T_{3,i}^{s_{x_i}} \prod_{i=1}^n h^{-s_{\delta_i} - s_{\mu_i}} \prod_{i=1}^n g_1^{-c_i}, g_2) \\ \qquad\qquad \times e(\prod_{i=1}^n h^{-s_{\alpha_i} - s_{\beta_i}} \prod_{i=1}^n T_{3,i}^{c_i}, w) \\ \prod_{i=1}^n \tilde{R}_{4,i} = \prod_{i=1}^n T_{1,i}^{s_{x_i}} \prod_{i=1}^n u_i^{-s_{\delta_i}} \\ \prod_{i=1}^n \tilde{R}_{5,i} = \prod_{i=1}^n T_{2,i}^{s_{x_i}} \prod_{i=1}^n v_i^{-s_{\mu_i}} \end{cases} \tag{3.9}$$

如果 $\prod_{i=1}^n c_i \bmod p = \prod_{i=1}^n \tilde{R}_{3,i} \lambda^{\sum_{i=1}^n \tilde{e}_{M_i}} \bmod p$,边缘服务器接收消息 msg_1,msg_2,$\cdots$,msg_n,否则拒绝它们。

当发生争议时,MEC 主机将涉及的用户签名 σ_i 发送至云中心,云中心将计算 $T_{3,i} T_{1,i}^{-s_1} T_{2,i}^{-s_2}$ [26]。由于

$$\begin{aligned} T_{3,i} T_{1,i}^{-s_1} T_{2,i}^{-s_2} &= A_i h_i^{(\alpha+\beta)} u^{-\alpha s_1} v^{-\beta s_2} \\ &= A_i h_i^{\alpha+\beta} h^{-\alpha} h^{-\beta} \\ &= A_i \end{aligned} \tag{3.10}$$

云中心将获得能够链接到用户 i 的真实身份 A_i。

3.4 "云-边-端"协同的位置及轨迹隐私保护方法

用户的家庭住址、工作地点等敏感位置,不但涉及用户私密信息,而且容易成为攻击者链接攻击的锚点,极大地增加隐私泄漏的风险。本节研究如何在"云-边-端"协同架构下通过 LDP 机制实现轨迹数据隐私性和可用性的平衡。在"云-边-端"协同架构下,云中心拥有全局高清地图,MEC 服务器拥有所辖区域的高清地图和其他区域非高清地图,一个或多个 MEC 辖区组成一个隐匿区域,每个隐匿区域配备一个运行于 MEC 平台之上的本地 LBS 服务器。本隐匿区域内用户通过匿名认证后由本地 LBS 服务器就近提供位置服务;跨隐匿区域的位置服务,如远距离导航等,则由云中心协调相应 LBS 服务器共同完成。

本节内容安排如下。首先，对用户所在空间位置进行泛化编码：即将隐匿区域划分为若干网格，再利用空间四叉树编码对网格进行编码，用户仅报告自身所属网格的位置编码而非精确的 GSP 数据；其次，对用户所属网格进行扰动：即利用 LDP 机制混淆用户真实位置所在网格，使云中心难以获知用户真实所属的网格。

3.4.1　基于空间四叉树的地理位置编码方法

将本地 LBS 服务器管辖空间区域的最小外包矩形 (minimum bounding rectangle，MBR) 记为 Dom(D)。利用均匀网格划分的方法将 Dom(D) 划分为 4 个相等的子矩形，每个子矩形被继续等分为 4 个更小的子矩形。如此递归地进行下去，直到每个矩形区域的内部不超过一个地理对象 (如道路岔口、重要建筑等) 为止。

构建空间四叉树，使四叉树节点与矩形区域一一对应。根节点代表 Dom(D)，叶节点代表最小的矩形区域，节点父子关系映射为矩形区域的父子关系。节点的方位码是根据子矩形在父矩形中的方位编制的。从位于西南方向的子矩形起按顺时针方向将同一父矩形下的四个子矩形分别编码为 00、01、11、10，如图 3.4 所示。节点的位置码是通过方位码逐层串接得到的。第 2 层节点的位置码即为方位码，第 3 层及以下结点的位置码则是其父节点位置码与自身方位码的串接。如第 3 层某节点的位置码是 1110，表示其父节点位置码为 11，自身方位码为 10。称高度为 n 的四叉树中的第 l 层为泛化层，对应矩形区域称网格；第 m 层为混淆层，对应矩形区域称混淆区域，其中 $1 \leqslant m < l \leqslant n$。网格的位置编码包括两部分，即网格所在混淆区域的位置码和代表网格在其所属混淆区域内部的位置和范围的内部码。如某网格的位置编码为 0100101101，已知 $m=3$，$l=6$，$n=7$，则其区域码为 0100，内部码为 101101。

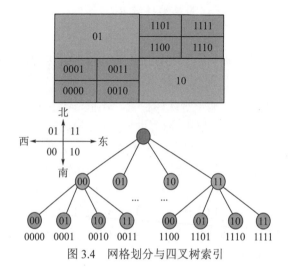

图 3.4　网格划分与四叉树索引

本地 LBS 服务器构建所辖区域的四叉树索引,并向辖区内所有个体发布。个体根据四叉树索引和自身真实位置/轨迹定期向本地 LBS 服务器报告本地扰动处理后的位置数据/轨迹数据。

3.4.2 基于本地化差分隐私位置/轨迹数据保护方法

本部分采用改进的 LDP 方法构建位置/轨迹混淆机制,以保护用户位置/轨迹数据隐私。攻击者即便获取了用户的位置/轨迹数据,也难以确定该用户家庭住址、工作地点、行进路线等敏感信息。当所有的用户按一定的概率随机发送真实和虚假的位置/轨迹时,本地 LBS 服务器无法确定单个用户位置/轨迹数据的真假。但是依据概率学知识,本地 LBS 服务器可以得到本区域用户位置/轨迹数据统计特征的无偏估计,如不同时段用户在各网格的分布。这些统计数据反映了人群聚集和移动的客观规律,具有巨大的商业价值和应用价值。

为实现位置/轨迹数据隐私性和可用性的协调,本部分提出了基于四叉树的位置扰动(quadtree-based location perturbation,QLP)算法和基于四叉树的联合位置扰动(quadtree-based joint location perturbation,QJLP)算法,分别适用于用户位置和轨迹数据的混淆。QLP 算法和 QJLP 算法可以与任何基于随机响应方法的 LDP 机制相结合,如 Rappor[27]、O-Rappor 和 K-RR 等。其中,Rappor 通过提供定义良好的差分隐私,处理来自同一客户端的多个数据集,从而保护客户端上的人口统计众包数据隐私;O-Rappor 在 Rappor 原有的编码和解码基础上,引入哈希映射和分组操作,先对字符串利用哈希函数进行一次值的映射,后续的扰动步骤直接对哈希值进行处理,而不再关注字符串本身;K-PP 则改进了随机响应技术,便真可以对取值自 $K(K \geqslant 2)$ 种离散型数据进行随机响应。由于篇幅限制,本部分仅以基础 Rappor 机制为例。

QLP 算法步骤如下:

(1)S1-1 位置码生成。生成真实位置所在网格的位置码 X,其区域码记为 H,内部码为 C,内部码长度为 h。

(2)S1-2 向量化。将内部码 C 转化为 2^h-比特长的独热向量 $\boldsymbol{B}$,该向量仅从左边起第 $t+1$ 位为 1,其余位皆为 0。其中,t 是二进制序列 C 对应的十进制数。

(3)S1-3 随机响应。利用随机响应机制将序列 $\boldsymbol{B}$ 转化为等长的响应向量 $\boldsymbol{S}$。

(4)S1-4 报告。将位置码 X 的区域码和内部码响应向量发送给服务器。

如图 3.5 所示,已知 $n=7$,$m=3$,$l=4$,网格编码 $X(111110)$ 和 $Y(101101)$ 经过一系列变换处理后,实际报告本地 LBS 服务器位置数据为 11111010 和 10110101。QLP 算法仅改变网格位置码的内部码,而不改变区域码。因此服务器知道个体在哪个混淆区域,但无法获知个体所属网格在混淆区域的具体位置。改变 m 和 l,可以改变混淆区域和网格的覆盖范围,调节位置数据的可用性和隐私性。

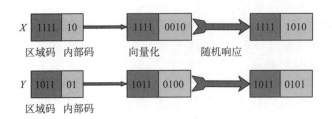

图 3.5　QLP 算法

QJLP 算法步骤如下：

(1) S2-1 位置码生成。生成真实位置所在网格的位置码 X 和 Y。

(2) S2-2 区域码串接。轨迹上各时空节点的区域码顺序串接得到二进制序列 H。

(3) S2-3 内部码串接。轨迹上第 j 个时空节点的内码为 $C(j)$，长度为 h，且 $h = 2(l-m)$。各时空节点的内部码顺序串接得到二进制序列 C。

(4) S2-4 向量化。向量化是二进制序列 C 转化为长为 2^{hd} 的独热向量 B，其中 d 表示轨迹上的时空节点个数，该序列仅从左边起第 $t+1$ 位为 1，其余位皆为 0。其中，t 是二进制序列 C 对应的十进制数。

(5) S2-5 随机响应。利用随机响应机制将向量 B 转化为等长的响应向量 S。

(6) S2-6 报告。将串接后的区域码 H 和随机响应值 S 发送给服务器。

如图 3.6 所示，$n = 7$，$m = 3$，$l = 6$，轨迹 T 先后经历两个时空节点 $X(111110)$、$Y(101101)$，经过一系列变换处理后，报向服务器的轨迹数据为 11111011-0100001010010000。

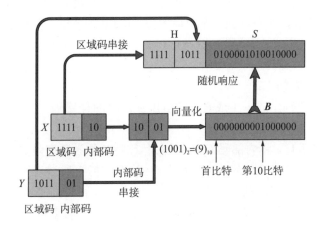

图 3.6　QJLP 算法

用户位置/轨迹的偏移会对某些需要精确位置信息的服务(如搜索周边商店等)造成影响。此类服务，均由客户端应用从本地 LBS 服务器下载涵盖真实位置和虚拟位置的区域地图后在本地对结果进行离线修正。对于跨越多个隐匿区域的位置服务，如远距离导航等，客户端应用对起始地和目的地位置在小范围内随机偏移，并利用云提供的导航服务得到连接两个虚拟位置的虚拟路径。这一过程可能重复多次，而后客户端根据虚拟路径和位置偏差计算出最佳路径。最佳路径与真实行进的路径高度重叠。在两者重叠的路径上，用户使用云提供的导航服务；在不重叠的路径上，用户则利用用户终端进行离线导航。考虑到过长的虚拟轨迹也可能泄露用户隐私，用户终端可在匿名区域边界附近切换 TUID，对过长的虚拟轨迹进行分割。

3.4.3　实验分析

为验证 QLP 算法和 QJLP 算法的有效性，本部分使用某市 24 小时出租车全球定位系统(global positioning system，GPS)坐标数据集进行了仿真实验。原始数据集包含日期、GPS 时间、占位符、车辆 ID、经度、维度、速度、方向、运营状态和数据有效性 10 个属性，其位置记录的热力分布见图 3.7，其中颜色越接近红色，说明该位置上的数据密度越大。对数据集初步处理后得到 238160 条长度为 3 的轨迹记录。

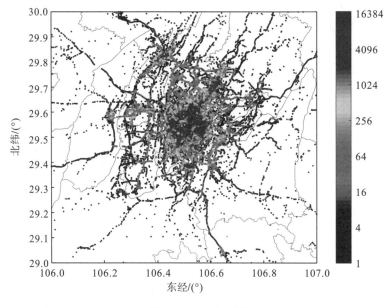

图 3.7　GPS 热力图

实验采用平均绝对占比误差(mean absolute percentage error，MAPE)和均方根误差(root mean square error，RMSE)衡量对轨迹占比估计的性能。

$$\text{MAPE} = \frac{1}{n} \sum_{t=1}^{n} \left| \frac{p_t - \hat{p}_t}{p_t} \right| \tag{3.11}$$

$$\text{RMSE} = \sqrt{\frac{1}{n}\sum_{t=1}^{n}(p_t - \hat{p}_t)^2} \tag{3.12}$$

其中，p_t 和 $\hat{p}_t$ 表示轨迹 t 出现次数的真实占比和估计占比。

图 3.8(a) 和图 3.8(b) 描述了 BasicRappor(BR) 算法、QLP 算法和 QJLP 算法对长度为 2 的轨迹的占比估计性能，图 3.8(c) 和图 3.8(d) 描述了 BR 算法和 QJLP 算法对长度为 3 的轨迹的占比估计性能。在图 3.8(a) 和图 3.8(b) 中，隐私预算相同的情况下，BR 算法和 QLP 算法的 MAPE 显著高于 QJLP 算法，说明 QJLP 算法的数据可用性显著优于 BR 算法和 QLP 算法。QLP 算法和 QJLP 算法的 MAPE 和 RMSE 随着隐私预算的增加而减少，且逐渐接近。BR 算法的 MAPE 随着隐私预算增加缓慢下降至 1.2 和 0.49，波动幅度较小。这说明 BR 算法在轨迹占比估计方面性能较差，且不随隐私预算增大而改善。在图 3.8(c) 和图 3.8(d) 中，隐私预算相同的情况下，BR 算法和 QJLP 算法的 MAPE 和 RMSE 略高于图 3.8(a) 和图 3.8(b)，说明 QJLP 算法的性能随着轨迹长度的增加而略微下降。此外，BR 算法的可用性明显更差。当 $\varepsilon = 1.5$ 时，QJLP 算法在长度为 3 的前 100 条轨迹上的 MAPE 为 0.15，说明 QJLP 算法在保护用户隐私性的同时保障了数据的可用性。综上所述，QJLP 算法具有最佳的轨迹占比估计性能，QLP 算法可用于长度为 2 的轨迹占比估计，而 BR 算法不适用于轨迹占比估计。

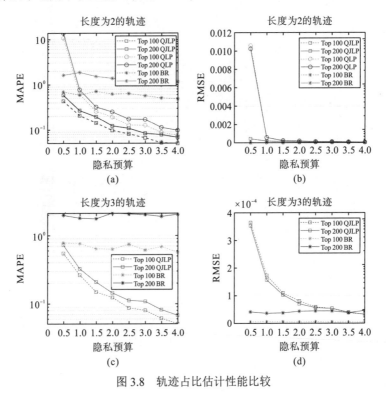

图 3.8 轨迹占比估计性能比较

3.5 本 章 小 结

在 CET 体系架构下，CET 三方各尽其责，通力协作，通过匿名认证、使用假名、控制假名更换、空间和时间泛化、位置/轨迹混淆等隐私保护技术和手段，实现隐私性与可用性的协调与统一。与现有隐私方案相比，CET 多级协同的隐私保护技术规避了中心化和去中心化 LBS 的种种弊端，弥补了现有隐私解决方案的不足。基于零知识证明和群签名的匿名认证方法，以及基于空间四叉树的 LDP 位置/轨迹数据保护机制，在保护用户隐私信息不被 LBS 提供者获取的同时保障 LBS 服务及数据的可用性。实验结果表明，与传统隐私保护机制相比，本技术方案具有较强的隐私性和更优的数据可用性，能有效揭示人群聚集与移动的客观规律，帮助 LBS 提供者改善服务质量，提高服务收益。

参 考 文 献

[1] Jiang H B, Li J, Zhao P, et al. Location privacy-preserving mechanisms in location-based services: A comprehensive survey[J]. ACM Computing Surveys, 2021, 54(1): 1-36.

[2] Thompson S A, Warzel C. How to track president trump[N]. The New York Times, 2019-12-10.

[3] 梅夏英. 在分享和控制之间数据保护的私法局限和公共秩序构建[J]. 中外法学, 2019, 31(4): 845-870.

[4] Zhu W, Kairouz P, McMahan B, et al. Federated Heavy Hitters Discovery with Differential Privacy[C]//International Conference on Artificial Intelligence and Statistics. Online: PMLR, 2020: 3837-3847.

[5] Langheinrich M. To FLoC or Not?[J]. IEEE Pervasive Computing, 2021, 20(2): 4-6.

[6] Adem B A, Alrashdan M, Abdulnabi M, et al. A general review on location based services (LBS) privacy protection using centralized and decentralized approaches with potential of having a hybrid approach[J]. International Journal of Future Generation Communication and Networking, 2021, 14(1): 3057-3079.

[7] 霍峥, 孟小峰. 轨迹隐私保护技术研究[J]. 计算机学报, 2011, 34(10): 1820-1830.

[8] 马春光, 张磊, 杨松涛. 位置轨迹隐私保护综述[J]. 信息网络安全, 2015(10): 24-31.

[9] Lu R X, Lin X D, Luan T H, et al. Pseudonym changing at social spots: An effective strategy for location privacy in vanets[J]. IEEE Transactions on Vehicular Technology, 2011, 61(1): 86-96.

[10] Yu R, Kang J W, Huang X M, et al. MixGroup: Accumulative pseudonym exchanging for location privacy enhancement in vehicular social networks[J]. IEEE Transactions on Dependable and Secure Computing, 2015, 13(1): 93-105.

[11] Huo Z, Meng X, Hu H, et al. You Can Walk Alone: Trajectory Privacy-preserving Through Significant Stays Protection[C]//International Conference on Database Systems for Advanced Applications. Heidelberg: Springer, 2012: 351-366.

［12］ Huguenin K, Bilogrevic I, Machado J S, et al. A predictive model for user motivation and utility implications of privacy-protection mechanisms in location check-ins［J］. IEEE Transactions on Mobile Computing, 2017, 17(4): 760-774.

［13］ Wu Q, Liu H X, Zhang C, et al. Trajectory protection schemes based on a gravity mobility model in IoT［J］. Electronics, 2019, 8(2): 148.

［14］ Hua J, Gao Y, Zhong S. Differentially Private Publication of General Time-serial Trajectory Data［C］//2015 IEEE Conference on Computer Communications (INFOCOM). Hong Kong: IEEE, 2015: 549-557.

［15］ Huang H, Niu X, Chen C, et al. A differential Private Mechanism to Protect Trajectory Privacy in Mobile Crowd-Sensing［C］//2019 IEEE Wireless Communications and Networking Conference (WCNC). Marrakesh: IEEE, 2019: 1-6.

［16］ Bi M N, Wang Y J, Cai Z P, et al. A privacy-preserving mechanism based on local differential privacy in edge computing［J］. China Communications, 2020, 17(9): 50-65.

［17］ Yu H, Li G, Wu J H, et al. A Location-Based Path Privacy Protection Scheme in Internet of Vehicles［C］//IEEE INFOCOM 2020-IEEE Conference on Computer Communications Workshops (INFOCOM WKSHPS). Toronto: IEEE, 2020: 665-670.

［18］ Dimitriou T, Al Ibrahim N. "I wasn't there"—Deniable, privacy-aware scheme for decentralized location-based services［J］. Future Generation Computer Systems, 2018, 86: 253-265.

［19］ GoWithMi Team. GoWithMi White Paper V3.0.0［EB/OL］. https://whitepaper.io/document/539/gowithmi- whitepaper/ ［2019-08］.

［20］ Sabella D, Sukhomlinov V, Trang L, et al. Developing Software for Multi-Access Edge Computing［EB/OL］. https://www.etsi.org/images/files/ETSIWhitePapers/ etsi_wp20ed2_MEC_SoftwareDevelopment.pdf/［2019-02］.

［21］ Rasheed A A, Mahapatra R N, Hamza-Lup F G. Adaptive group-based zero knowledge proof-authentication protocol in vehicular ad hoc networks［J］. IEEE Transactions on Intelligent Transportation Systems, 2019, 21(2): 867-881.

［22］ Camenisch J, Stadler M. Efficient Group Signature Schemes for Large Groups［C］//Annual International Cryptology Conference. Heidelberg: Springer, 1997: 410-424.

［23］ 叶青青, 孟小峰, 朱敏杰, 等. 本地化差分隐私研究综述［J］. 软件学报, 2018, 29(7): 1981-2005.

［24］ Wasef A, Shen X. Efficient Group Signature Scheme Supporting Batch Verification for Securing Vehicular Networks ［C］//2010 IEEE International Conference on Communications. Cape Town: IEEE, 2010: 1-5.

［25］ Wu D, Yang Z, Yang B, et al. From centralized management to edge collaboration: A privacy-preserving task assignment framework for mobile crowdsensing［J］. IEEE Internet of Things Journal, 2020, 8(6): 4579-4589.

［26］ Lin X D, Sun X T, Ho P H, et al. GSIS: A secure and privacy-preserving protocol for vehicular communications［J］. IEEE Transactions on Vehicular Technology, 2007, 56(6): 3442-3456.

［27］ Erlingsson Ú, Pihur V, Korolova A. Rappor: Randomized Aggregatable Privacy-preserving Ordinal Response ［C］//Proceedings of the 2014 ACM SIGSAC Conference on Computer and Communications Security. New York: ACM, 2014: 1054-1067.

第4章 "云-边-端"协同的实体搜索服务技术

实体搜索服务技术是在物联网数据呈爆炸式增长的背景下应运而生的，目的是帮助用户快速、准确获取物理世界的信息。现有实体搜索服务系统的设计主要为"云-端"协同的两层搜索架构，然而由于实体数据具有海量、异构、动态变化等特性，且实体状态时变程度不同，"云-端"协同的两层搜索架构在海量数据存储、资源合理分配、查询快速响应等方面都不能充分适应物联网的发展。本章结合云计算与边缘计算的优势，充分考虑物理实体状态的时变特征，提出一种"云-边-端"协同缓存的实体搜索系统架构。首先，网关将形态各异的实体状态数据抽象处理为统一的表达形式；然后，边缘侧根据实体状态数据的时变特征将其分为瞬变型实体数据和缓变型实体数据，并将瞬变型实体数据缓存在边缘侧，缓变型实体数据上传至云端。所提的搜索架构可以有效分配存储空间和计算资源，提高实体搜索服务的搜索精度，降低搜索时延与搜索能耗。

4.1 实体搜索服务技术研究现状及主要挑战

4.1.1 研究现状

1. 研究背景与意义

随着网络技术和智能设备的不断发展，海量形态多样、功能各异的传感器、射频识别（radio frequency identification，RFID）等感知设备在物理世界中实现了普及应用，构建了实时感知物理实体状态信息的网络架构，实现了信息空间与物理空间的双向互动，形成了"物物互联"的物联网（Internet of things，IoT）。物联网概念自提出以来，便引起各界研究学者的广泛关注，根据物联网白皮书[1]，2019年全球物联网连接数已达到 120 亿，预计到 2025 年，全球物联网总连接数将达到246 亿。2020 年国家发改委提出明确指示，物联网将成为新基建的重要组成部分，是发展数字经济的基础，其重要地位进一步提高。目前，物联网已经在智能交通、智慧家居、智慧医疗和环境监测等领域[2-4]深入应用，为人们带来了极大的便利。尤其在新冠肺炎疫情期间，物联网技术在智慧社区、家庭检测、远程诊疗、公共区域体温检测和交通管控等方面发挥了重要作用。在未来 20 年，在我们的生活中将会出现万亿台感知设备，实现"万物互联，信息共享"的场景[5]。

近年来，物联网的应用日渐成熟，已经逐渐融入人们日常生活中，例如，人们可以通过手机查询快递的当前状态和实时位置；结合智能终端的各种应用，实现家居生活的远程控制；利用可穿戴设备对人体机能监控以实时观察身体健康状况。随着人们生活质量的逐渐提高以及物联网应用的逐步深入，人们获取物理实体信息的实时性、有效性、可靠性要求越来越高[6]。在如搜索附近空余的停车位、安静的咖啡厅、空闲的会议室、空气质量较好的公园等物联网服务中，搜索的内容既包括静态的物理实体信息，也涵盖动态变化的实体状态。然而，传统的互联网搜索技术面向虚拟静态资源，不适用于状态时变的实体搜索，因此，面向物联网的实体搜索服务技术应运而生。物联网中的实体搜索服务技术是指运用适当的策略与方法获取实体数据，并对获取到的数据进行有组织、有序的管理与存储，以便于向用户提供快速、高效获取实体信息的服务[7-9]。实体搜索服务技术旨在实现信息空间与物理世界融合，在深入推动物联网发展以及达到信息共享等方面具有不可替代的作用。2015年在国家自然科学基金委指导下，由方滨兴院士主持，国内众多院士、专家参与编制了《网络空间大搜索技术白皮书》[10]。其中，专门对物联网中实体搜索的重要地位进行了界定，并对其系统功能、工作流程、典型应用及发展趋势进行了概述。可见，对于实体搜索服务技术的研究具有重要的实际价值和现实意义。

2. 实体搜索原型系统

目前，研究人员采用传统互联网搜索引擎的思想，设计出多个适用于物联网实体搜索服务的原型系统。文献[11]设计了具有两层中间件结构的适用于普适环境的搜索引擎，以关键字的形式描述实体并将信息存储在传感器节点中，底层中间件负责管理特定范围内的传感器，顶层中间件维持整个网络的聚合视图，用户可以直接向底层中间件发起查询也可向顶层中间件查询，系统利用关键字查询匹配并返回前 k 个相关实体。然而该搜索系统仅支持静态数据搜索和伪静态数据搜索，不支持动态的数据搜索，也无法适用于大规模的网络环境。文献[12]设计了具有三层中间件的适用于频繁变化的移动查询搜索引擎，与前述系统相比，其采用标签代替传感器对实体进行感知，并将描述同一实体的多个标签作为底层中间件。该系统同样针对伪静态的元数据设计，子站和标签的更新需要大范围广播消息，导致通信开销较高，不适用于规模较大的网络环境。Dyser 原型系统[13]的出现打破了原有系统仅支持静态或伪静态数据搜索的僵局，该系统适用于资源受限环境的实时搜索，既支持实体的静态信息查询，还支持根据指定状态搜索物理实体的动态实时查询。Dyser 原型系统将物理实体及其对应传感器抽象为多个 Web 页面并使用超链接关联，然后采用通用引擎进行索引。该系统还增加了预测机制，可提高搜索效率并降低搜索开销，但搜索准确率降低。此外，该系统无法自动发现加入的物理实体。随着研究的深入,实体搜索原型系统不仅支持数值、文本形式的结构化信息的检索,而且对于视频、图像等形式的非结构数据的检索引起了关注。文献[14]提出一种基于视频传感器网络的分布式图像搜索服务,将图像转化为特征向量进行存储和搜索,并设计了一种基于闪存优化的词汇书索引结构,该搜索系统不仅支持对于历史图像数据的查询,还支持动态实时地捕捉新图像,但是由于查询请求需要被推送到所有传感器节点中,不适用于大规模的搜索。

以上所提出的原型系统为实体搜索服务技术的发展奠定了深厚的基础,提供了改进创新的思路,但在处理、搜索、存储大规模的实体动态信息方面都未能得到有效解决。在实际的应用场景中,涉及的物理实体数量众多,实体数据海量、高度动态变化且状态时变性分布差异较大是其最突出的特点[15],如何设计搜索架构以有效处理、搜索、存储实体动态数据是提高搜索效率、保证搜索准确率、合理利用存储资源最重要的一环。

3. 实体搜索研究现状

云计算技术的诞生为海量数据的计算与存储提供了可行的解决方案。文献[16]提出了一种面向云平台的渐进式搜索架构,从特征空间中的多粒度搜索、时空空间中的近距离搜索和安全空间中的低到高权限搜索三种范式出发以缩减搜索空间,云平台负责对实体数据进行处理、融合、关联、存储、计算等操作。文献[17]提出了一种安全短语搜索方案,将实体信息抽象为文档集,并提取多关键字组成的短语作为索引值,采用倒排索引作为检索方法,利用双线性映射算法与同态加密算法保证搜索过程中短语及其位置的安全性。作为诚实而好奇的第三方,云平台在密文域中完成存储、查询、计算等工作,并将相关结果返回给用户。文献[18]提出了一种面向物联网实体搜索的状态匹配预测方法,建立了适用于实体搜索的预测模型以提高搜索效率,网关通过深度信念网络(deep belief network,DBN)模型和对比散度(contrastive divergence,CD)算法训练预测模型,并将实体状态预测值预存于数据库中,当用户向云平台发起搜索请求时,云服务器将搜索请求下发至网关节点,网关节点访问数据库根据预测值完成实体匹配,传感器验证实体真实结果后经网关发送给云服务器,最后云服务器将搜索结果返回给用户。以上所提方法都基于"云-端"两层设计的搜索架构,云端在其中承担了重要的角色。然而,云平台虽然具有强大的计算与存储能力,但距离终端实体较远,由于通信距离过长和传输资源的限制,在云端集中缓存的方式会导致搜索时延过长。可见,这种模式并不适合对实时性要求较高的实体搜索。此外,面对海量实体的接入,这种集中式的缓存与管理策略使云平台的承载能力达到了极限,计算量也随之增长,严重影响了云平台的性能。

集中式的缓存与管理策略的问题促进了分布式计算的产生,边缘计算的出现为实体搜索服务技术带来了新的机遇[19]。边缘网络利用边缘侧设备的通信、计算与存储能力，结合边缘侧具有靠近用户的优势，既可减轻云端中心的压力，又可显著降低业务的时延[20]，这种特性很适合实体数据需要实时处理的要求。文献[21]已经通过手机游戏实验验证了边缘计算在物联网中的适用性，表明边缘计算可以有效提高快节奏交互游戏的用户体验。文献[15]提出一种适合瞬变型实体数据搜索的边缘缓存策略，采用强化学习算法实现最小化数据新鲜度和传输能耗，选择特定的瞬变型实体数据缓存在边缘侧，实验证明了该方法可以大大提高缓存命中率并降低搜索成本。文献[22]提出一种情境感知边缘计算框架，在边缘设备上进行原始观测数据的预处理，从而减小业务应用的时延。文献[23]设计了基于边缘计算的区块链物联网架构，该架构利用边缘服务器的计算和缓存能力，帮助区块链节点存储数据。物联网网络负责数据收集并将数据上传到最近的区块链节点，区块链节点将复杂的计算任务交付给边缘服务器，边缘服务器计算完成后将结果返回给区块链节点。然而，由于实体数量巨大，边缘服务器的计算与存储资源相对受限，如果将所有实体状态数据均缓存于边缘服务器，将给边缘服务器带来巨大的计算压力与存储开销。

对于上述问题，从云计算和边缘计算技术各自优势出发，构建适用于实体搜索服务的系统架构势在必行。文献[24]提出一种基于云边协同缓存的搜索方法，该方法适用于移动智能设备的搜索，将移动智能设备所有可能出现的区域划分为频繁更新区域和非频繁更新区域，将频繁更新区域所管理的数据缓存储于对应的边缘服务器中，云服务器存储所有边缘服务器的全局信息；非频繁更新区域的数据则直接保留在本地，进而，结合时空属性对两种区域分别构建了 SKIN-tree 和 STK-tree 索引方法。文献[25]采用云计算与雾计算融合的思想，提出了一种安全的工业物联网数据存储与搜索框架，依据工业物联网数据的时延敏感度确定存储位置，将时延敏感型物联网数据存储在本地服务器，引入代理服务器进行数据融合、异常分析等多种处理，并将非时延敏感型物联网数据加密后存储在云服务器，此外，还设计了一种适合动态数据检索的安全索引方法。文献[26]提出了面向物联网的智能协同边缘计算架构，以实现人工智能和边缘计算互补与融合。采用协同缓存的方式，将物联网感知设备所产生的数据划分为三类，分别为缓存在边缘服务器中的用户私有数据、隔离在边缘节点的专用数据和上传到云端的公共数据，用户可以根据各自需求从不同设备中获取数据。然而，目前的研究成果较为匮乏，利用云边协同设计面向实体搜索服务的系统架构还有待研究。

4.1.2 主要挑战

4.1.1 节对物联网中实体搜索服务技术的研究背景、原型系统、发展现状进行了阐述。随着物联网应用进一步深入，对于实体搜索服务技术的研究也提出了更高的要求。主要有以下三方面的挑战。

1. 数据统一表征问题

实际部署的物联网场景非常复杂，以物联网感知层为例，感知设备负责获取物理实体的状态数据，并且将状态数据以特定形式输出。各类传感器是感知设备的典型代表，由于其成本低廉、易部署等优良性质，已经大规模应用于多种场景。传感器类型多样，用来观测实际场景中的各种数据，如在智慧工厂中，温湿度传感器可以用来感知运行机器的工作环境；气体传感器可以监测工厂内的各种气体浓度以防止发生爆炸；状态监测传感器可以用来观测机器的各种运行参数，如转轴加速度、振动速度等。但是，当多种传感器同时部署在实际场景中，由于硬件特性的限制，传感器感知数据的采集周期并不相同，因此，无法在同一时刻对实体状态数据进行全面描述。同时，由于传感器本身的限制，其采集的数据具有高维稀疏的特点，这对于实体状态数据的统一表征又增大了难度。此外，根据实际需求，数据的输出形式呈现出较大差异，如温湿度传感器可以直接输出定量的观测数据，而气体传感器可以监测气体达到一定浓度后以定性的数据形式输出，如何对不同输出形式的数据进行有效地描述以便于后续处理也是亟待解决的关键问题。由于传感器本身计算、存储、处理能力有限，以上所提问题都是传感器本身无法解决的。目前的主要思路是，在数据上传到服务器进行集中处理之前，利用某种带有一定计算、存储能力的设备对采集的数据进行预处理，将采集周期不同的、高维稀疏的、形态各异的实体状态数据进行有效的统一表征，以便后续的处理分析并应用。可见，数据统一表征是实体搜索架构设计面临的首要问题。

2. 数据特征提取问题

在给定时间内，传感器观测的数据可以看作为时序序列。传感器的观测数据输出反映了物理实体在一段时间内状态的变化，时序数据中隐含了大量的物理实体状态特征。物联网场景中生成的物理实体状态时序数据具有海量、高维稀疏特性，且由于传感器自身测量误差和周围环境因素的影响，时序数据具有不确定性和高突变性的特点。为了进一步实现对实体状态数据更准确地表达，应从海量、维数高、具备不确定性和高突变性的时序数据中高效地获取数据的特征。主成分分析(principal component analysis，PCA)、奇异值分解(singular value decomposition，SVD)等传统方法在处理稀疏冗余特征和获取不确定性数据的特征方面均难以达到很好的效果，但是容易面临数据特征提取失效问题。此外，时序数据的高维化、复杂化趋势使特征提取越来越难以解决。深度学习的出现解决了这一难题，由于其强大的表示学习能力，近年来已被应用于各个研究领域，其适用于海量、高维稀疏的数据特征提取，并能够有效消除高突变性、不确定性的影响。在设计实体搜索架构时，如何利用深度学习方法对于时序数据进行有效分析，进而改善搜索架构的性能显得十分重要。

3. 搜索架构设计问题

在复杂场景中，由于传感器类型、工作方式、采集周期的不同，导致每个传感器采集的实体数据变化程度各异。比如，温湿度传感器采集的实体温湿度数据在一段时间内的变化波动不会很大，而设备的快速运转会使得状态监测传感器的输出数据迅速变化。因此，物联网场景中的实体状态数据不仅具有时变性，而且实体数据的时变程度还具有差异化分布特征。当用户需要获取某些实体状态信息时，如果将所有数据全部缓存在云端，那么可能导致变化程度较快的数据在返回到用户端时已经变成无效数据，用户无法获取当前时刻的真实实体状态。而边缘服务器靠近本地用户，可以对本地用户请求做出快速、实时的响应，更好地保证用户需求。云服务器具有强大的缓存与计算能力，可以缓存并处理海量的数据。现有研究的实体搜索架构虽然融合了"云-边"协同的思想，从不同的角度赋予云层与边缘层应该承担的任务，却未能从物理实体数据本身的特性出发，充分考虑实体状态数据的时变性。这使得已有的数据缓存机制在面向物联网实体搜索时搜索精度与时延性能较差，对数据的管理未能将"云-边"协同的优势发挥到最大，而这正是整个搜索架构中最关键的部分。

综上所述，目前对于实体搜索服务技术的研究还存在如下挑战：

(1) 对于采集周期不同、高维稀疏、数据形态各异的实体状态数据，应该考虑在数据终端如何有效地进行抽象统一的表征，以方便后续数据的处理与分析。

(2) 面对海量、维数高、具备不确定性和高突变型的时序数据，应该合理地结合深度学习方法，提取时序数据中隐含的特征，实现对实体状态数据更加准确地表达。

(3) 根据物联网中实体状态数据差异化分布的特性，应该利用"云-边"协同缓存的优势，设计面向实体搜索服务的缓存与管理方案，降低搜索时延和搜索开销，保证实体搜索服务技术的整体性能。

4.2　实体搜索模型与基础理论

为解决实体状态数据未能进行有效表征、集中式无差别存储导致的搜索时延较高、搜索精度较差的问题，本章结合云、边、端三者的优势，设计了一种"云-边-端"协同缓存的实体搜索系统架构，依据实体状态的时变程度差异与物联网实体搜索的特征，进行实体状态数据的主动差异化缓存。

图 4.1 为"云-边-端"协同的物联网实体搜索系统模型，分为云层、边层和端层。云层是系统最高层，不仅存储缓变型实体状态数据，而且对边缘服务器进行统一管理，保留全局信息。端层中传感器感知物理环境中的实体状态数据，并将

采集的实体状态数据周期性地上传至覆盖其感知范围的网关；由于实体状态数据形态各异，而网关具有一定的计算和处理数据的能力，因此利用网关对数据进行抽象处理以实现数据的统一表征，并将处理后的数据上传至边缘服务器；边缘服务器负责提取实体状态数据中蕴含的特征，并对实体状态数据进行有效、精准分类，将其分为瞬变型实体状态数据和缓变型实体状态数据，然后将瞬变型实体状态数据缓存在本地，缓变型实体状态数据则上传至云服务器中。

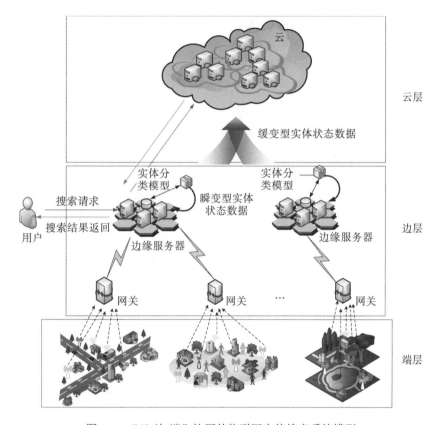

图 4.1　"云-边-端"协同的物联网实体搜索系统模型

当用户发出搜索请求后，其搜索流程如图 4.2 所示，具体搜索步骤如下：

(1) 各传感器将观测的实体状态数据周期性地上传至网关。

(2) 各网关通过 4.3.1 节提出的数据抽象与表征方法对数据预处理后上传至边缘服务器。

(3) 边缘服务器通过 4.3.2 节提出的时变性感知的状态特征提取方法提取时序数据特征并进行分类。

(4) 边缘服务器通过 4.3.3 节提出的 CET 协同实体状态数据缓存方法主动将瞬变型实体状态数据缓存至边缘服务器中，并将缓变型实体状态数据上传至云服务器。

（5）云服务器缓存并处理边缘服务器上传的缓变型实体状态数据。

（6）当用户发出搜索请求后，边缘服务器识别搜索请求为瞬变型实体状态数据时，直接返回搜索匹配结果。

（7）若边缘服务器无匹配数据，则用户搜索的为缓变型实体，可通过云服务器进行搜索匹配后将数据返回边缘服务器，边缘服务器再将其返回给用户，完成整个搜索过程。

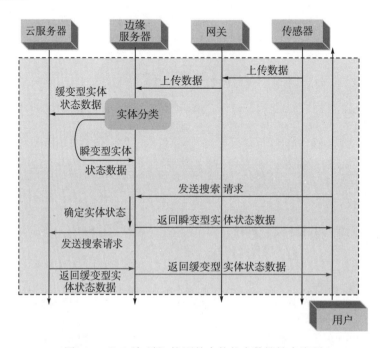

图 4.2 "云-边-端"协同的实体状态数据搜索流程

在传统的物联网实体搜索技术中，用户发出搜索请求后与云服务器进行通信，云服务器收到搜索请求后遍历访问所有实体数据以获取结果。然而，由于用户与云服务器的通信距离过长，当搜索时变性较强的实体状态数据时，云服务器返回的结果已无法准确反映实体的当前状态。本节利用边缘服务器靠近用户和物理实体的优势，采用"云-边-端"协同缓存方法，不仅提高了用户获取瞬变型实体状态数据的实时性和准确性，而且降低了边缘服务器的存储开销。

4.3 动态特征提取与高效搜索方案

本节根据提出的"云-边-端"协同缓存的实体搜索架构，详细描述了数据抽象与表征方法、时变性感知的实体状态特征提取方法以及实体状态数据缓存方法。

4.3.1 有效的数据抽象与表征方法

搜索空间的扩张与搜索对象的增长使得物理实体具有更复杂的特征，端层中各类型传感器由于本身的异构特性，原始的实体状态数据在形式、类型、时变规律以及时变程度上都存在较大差异，造成数据表述上的困难。因此，需要首先利用网关对数据进行抽象预处理，将繁杂无序的原始数据转换为可显性反映数据变化规律的形态。

物理实体状态数据依据其反映的物理意义可分为定量数据与定性数据两大类[27,28]。即物理实体集合 Φ 根据其状态表现形式可分为两大类：定量状态实体集合 Φ_{qt}、定性状态实体集合 Φ_{ql}，其中，qt 表示定量状态实体；ql 表示定性状态实体。

物理实体通过其关联的各类传感器感知其状态，假设任意给定定量状态实体 $\psi \in \Phi_{qt}$，在 t_i 时刻传感器的观测状态为 qt_i，则其原始状态序列表示为 $S_{qt} = [qt_1, qt_2, \cdots, qt_i, \cdots, qt_t]$。为了衡量实体的状态变化程度，将其测量值区间 $\left[m_{\min}^{qt}, m_{\max}^{qt} \right]$ 以 $\gamma = \left(m_{\max}^{qt} - m_{\min}^{qt} \right) / \varepsilon$ 为单位进行划分，其中，$m_{\min}^{qt}$ 为测量值的最小值；$m_{\max}^{qt}$ 为测量值的最大值；ε 为预设敏感因子，表明用户对该实体测量值波动的敏感程度。则实体状态变化序列可转化为

$$
\begin{cases}
\overline{S}_{qt} = \left[\overline{S}_{qt}^1, \overline{S}_{qt}^2, \cdots, \overline{S}_{qt}^i, \cdots, \dfrac{|qt_t - qt_{t-1}|}{\gamma} \right] \\
\overline{S}_{qt}^i = \dfrac{|qt_{i-1} - qt_i|}{\gamma}
\end{cases}
\tag{4.1}
$$

其中，$\overline{S}_{qt}^i$ 为实体状态相对于上一时刻的变化程度值。

假设任意给定定性状态实体 $\varphi \in \Phi_{ql}$，在 t_i 时刻的观测状态为 ql_i，则其原始状态序列为 $S_{ql} = [ql_1, ql_2, \cdots, ql_i, \cdots, ql_t]$。同理，为评估实体 φ 的时变程度，将原始状态序列转化为

$$
\begin{cases}
\overline{S}_{ql} = \left[\overline{S}_{ql}^1, \overline{S}_{ql}^2, \cdots, \overline{S}_{ql}^i, \cdots, \overline{S}_{ql}^t \right] \\
\overline{S}_{ql}^i = ql_{i-1} \oplus ql_i
\end{cases}
\tag{4.2}
$$

当前定性状态与前一时刻状态进行异或运算，即若当前时刻实体 φ 的定性状态较前一时刻发生了变化，则当前时刻的状态变化 $\overline{S}_{ql}^i$ 记录为 1，否则为 0。

假设传感器 i 在 t_i 时刻采集的实体状态数据为 x_i，则实体状态原始序列可表示为 $s_i = [x_1, x_2, \cdots, x_i, \cdots, x_n]$，通过式(4.1)或式(4.2)，将实体状态原始序列转化为 $\boldsymbol{x}_i = \{ x(t_1), x(t_2), \cdots, x(t_i), \cdots, x(t_n) \} \in \overline{S}_{qt}, \overline{S}_{ql}$，搜索系统将给定实体观测状态的时

间跨度 T，以时间间隔 δ 为单位等时间间隔分割，划分为 $t = T/\delta$ 个时间窗，并记录实体在每个时间窗内的状态变化情况。由此，网关实现对实体状态的数据抽象。

4.3.2　时变性感知的实体状态特征提取方法

物理实体的状态具有动态时变性特征，其状态变化在较长时间维度上呈现出一定的规律性。传感设备观测的实体历史状态数据蕴含了其状态变化的稳定规律。因此，本节在前述的数据抽象处理的基础上，基于深度稀疏自动编码器（deep sparse autoencoder，DSAE）模型，提出一种时变性感知的实体状态特征提取方法，深度挖掘时序数据中隐含的实体状态时变性特征，从而根据实体状态时变程度对实体数据进行区分。

深度稀疏自动编码器是由 Bengio 等[29]在受到受限玻尔兹曼机（restricted Boltzmann machine，RBM）的深度信念网络（deep belief networks，DBN）启发后提出的一种无监督的深度学习算法，由多层 SAE 构成，具有可学习大规模数据集的特征且最大程度减少信息丢失的优势。本节构建的特征提取模型如图 4.3 所示。SAE1 的第 1 层至第 2 层为编码过程。给定实体状态矩阵 $\boldsymbol{X} = [\boldsymbol{x}_1, \boldsymbol{x}_2, \cdots, \boldsymbol{x}_n]$，将实体 i 的状态变化序列 $\boldsymbol{x}_i = \left\{ x(t_1), x(t_2), \cdots, x(t_i), \cdots, x(t_n) \right\} \in \bar{S}_{qt}, \bar{S}_{ql}$ 输入 SAE1 的第 1 层，经过第 2 层编码后得到实体 i 的低维编码向量 $\boldsymbol{h}_i^{(1)} \in R^{d^{(1)} \times 1}$。从第 2 层至第 3 层为解码过程，第 3 层解码实体 i 的低维特征向量 $\boldsymbol{h}_i^{(1)} \in R^{d^{(1)} \times 1}$，得到与 $\boldsymbol{x}_i$ 具有相同维度的输出向量 $\boldsymbol{x}_i'$。

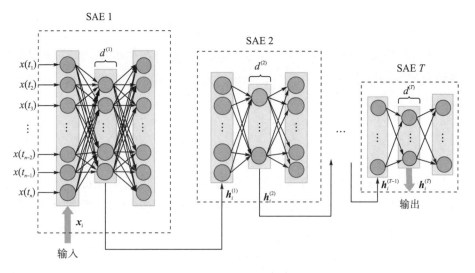

图 4.3　特征提取模型

在训练过程中，采用逐层训练的方法，依次训练每个 SAE，直至 SAE T 输出编码层的结果 $h_i^{(T)} \in R^{n \times d^{(T)}}$。继续分别向 SAE1 的第一层输入其他实体状态变化序列 $x_j \in X, j = 1, \cdots, n$，即可得到所有实体的状态时变特征矩阵 $H = \{h_1^{(T)}, h_2^{(T)}, \cdots, h_n^{(T)}\}$。本节所采用的训练方法如下：

将实体 i 的状态变化序列 $x_i = \{x(t_1), x(t_2), \cdots, x(t_i), \cdots, x(t_n)\} \in \overline{S}_{qt}$，$\overline{S}_{ql}$ 输入具有 d 个神经元的自动编码器，通过式 (4.3) 得到实体 i 的状态变化序列对应的低维编码向量 $h_i \in R^{d \times 1}$。

$$h_i = s_f(W \cdot x_i + p) \tag{4.3}$$

其中，$x(t_n)$ 是 t_n 时刻的实体状态；s_f 是编码器的激活函数，$s_f(x) = \dfrac{1}{1 + \exp(-x)}$；$W \in R^{d \times n}$ 是编码层权重矩阵；$p \in R^{d \times 1}$ 是编码层偏置向量。

得到编码 $h_i \in R^{d \times 1}$ 后，将 h_i 输入到解码层，通过式 (4.4) 得到解码结果 $x_i' \in R^{n \times 1}$ 作为 SAE 的输出信息：

$$x_i' = s_g(\tilde{W} \cdot h_i + q) \tag{4.4}$$

其中，s_g 是解码器的激活函数，$s_g(x) = \dfrac{1}{1 + \exp(-x)}$；$\tilde{W} = W^T \in R^{n \times d}$ 是解码层权重矩阵；$q \in R^{n \times 1}$ 是解码层偏置向量。

通过训练，自动编码器自动调整这 4 个参数向量 $\theta = \{W, \tilde{W}, p, q\}$，最小化 x_i 和 x_i' 的重构误差：

$$\underset{W, \tilde{W}, p, q}{\text{minimize}} \sum_{i=1}^{n} \left\| s_g \left[\tilde{W} s_f (W \cdot x_i + p) + q \right] - x_i \right\|^2 \tag{4.5}$$

此外，通过使用 KL (kullback-leibler) 散度为自动编码器添加稀疏性限制：

$$\sum_{j=1}^{d} \text{KL}\left(\rho \middle\| \frac{1}{n} \sum_{i=1}^{n} h_i \right) \tag{4.6}$$

其中，ρ 是一个接近于 0 的常量；$\dfrac{1}{n} \sum_{i=1}^{n} h_i = \rho_j$，$\rho_j$ 表示隐含层的平均活跃度；$\text{KL}(\rho \| \rho_j)$ 表示 ρ_j 和 ρ 为均值的两个变量之间的相对熵；$\text{KL}(\rho \| \rho_j)$ 的计算公式为

$$\text{KL}(\rho \| \rho_j) = \rho \log \frac{\rho}{\rho_j} + (1 - \rho) \log \frac{1 - \rho}{1 - \rho_j} \tag{4.7}$$

添加稀疏性限制后，构建的自动编码器的重构误差 $L(\theta)$ 可以表示为

$$L(\theta) = \sum_{i=1}^{n} \left\| s_g \left(\tilde{W} s_f (W \cdot x_i + p) + q \right) - x_i \right\|^2 + \beta \sum_{j=1}^{d} \text{KL}\left(\rho \middle\| \frac{1}{n} \sum_{i=1}^{n} s_f (W \cdot x_i + p) \right) \tag{4.8}$$

其中，β 是稀疏性惩罚权重因子，通过调整 θ 可以使 $L(\theta)$ 最小化。

由此，即可实现对输入数据的重构。将状态变化序列 $\overline{S}_{qt}$、$\overline{S}_{ql}$ 作为神经元的输入，采用反向传播算法（back propagation，BP）依次训练每个 SAE，以优化模型的所有参数，最终得到实体状态的时变性特征集合 $H = \left\{ h_1^{(T)}, h_2^{(T)}, \cdots, h_n^{(T)} \right\}$。

4.3.3　"云-边-端"协同的实体状态数据缓存方法

如前所述，对于变化较快的实体状态数据来说，集中式缓存至云端的方式将导致搜索结果不准确，搜索时延较长等问题，给实体状态数据的有效组织与存储带来了巨大的挑战。分布式的边缘计算技术缓解了云端的负担，与云端有效结合能够解决数据的管理组织与资源分配等问题。边层作为"云-边-端"的中间层，在处理本地数据和与云端频繁通信两方面发挥着重要的作用。边缘服务器同时具备存储、计算、通信能力，并且靠近本地端层，可有效解决数据传输过程中的时延问题。因此，本章所提的"云-边-端"协同缓存的实体数据搜索方法具体实现主要放在边缘服务器上。边缘服务器在如 4.3.2 节所述对实体数据完成特征提取后，得到实体状态特征变化集合 $H = \left\{ h_1^{(T)}, h_2^{(T)}, \cdots, h_n^{(T)} \right\}$，具有噪声的基于密度聚类

（density-based spatial clustering of applications with noise，DBSCAN）算法，完成对实体状态时序数据的有效识别和分类缓存。

DBSCAN 算法是一种基于密度聚类的算法，能够把具有足够高密度的区域划分为簇，并可在具有噪声的数据集中发现任意形状的聚类。但是 DBSCAN 算法在聚类初始阶段需要人工给定邻域参数（Eps, Minpts）确定样本分布情况，因此，算法对参数较敏感，鉴于此，本节首先建立 K-means 模型对复杂数据集做参数自适应处理，解决参数敏感问题。具体步骤如下：

（1）输入样本集 $H = \left\{ h_1^{(T)}, h_2^{(T)}, \cdots, h_n^{(T)} \right\}$，聚类簇数 k，并随机指定初始聚类：运行 K-means 模型直至样本集合 H 中各元素不再发生变动，得到簇集合 $C = \left\{ C_1, C_2, C_3, \cdots, C_k \right\}$。

（2）统计各簇内元素任意两点之间的距离，建立各簇内元素距离集合 $(S_1, S_2, S_3, \cdots, S_k)$，其中，任意簇内的距离集合表示为 $S_i = \left\{ s_1, s_2, s_3, \ldots, s_{\frac{l(l-1)}{2}} \right\}$，$l$ 为各簇内的元素数。

（3）分别统计 S_i 集合中所有元素的最大值，即为簇 C_i 中相聚最远两样本点之间的距离，表示为 $\max(S_i)$。

（4）计算出所有簇内最远点的距离均值，将其作为 DBSCAN 算法中的邻域半径：

$$\text{Eps} = \frac{\sum_{i=1}^{k} \max(S_i)}{2k} \tag{4.9}$$

（5）统计集合 C 中元素最小的簇，并将簇内所含样本个数作为DBSCAN中邻域最小样本阈值：

$$\text{Minpts} = \min(|C_i|) \tag{4.10}$$

使用上述算法选取邻域参数可以避免因参数选取不当造成聚类结果准确率较低的问题。确定邻域参数后，根据以下过程实现对实体数据的精确分类。

（1）根据数据集 $S = \{s_1, s_2, \cdots s_i \cdots, s_n\} \in \Phi_{qt}, \Phi_{ql}$ 及其对应的特征集合 $H = \{h_1^{(T)}, h_2^{(T)}, \cdots, h_n^{(T)}\}$，以及获取的邻域参数（Eps, Minpts），确定核心样本集合 Ω，从 Ω 中随机选取一个核心样本作为种子，寻找由它密度可达的所有样本，获得第一个聚类簇 Q_1。

（2）DBSCAN 算法将 Q_1 中包含的核心样本从 Ω 中去除：$\Omega = \Omega \backslash Q_1$，再从更新后的集合 Ω 中随机选取一个核心样本作为种子，产生下一个聚类簇，上述过程不断重复，直至 Ω 为空，得到簇集合 $Q = \{Q_1, Q_2, \cdots, Q_k\}$，其中，$k$ 为最终聚类簇数。

（3）根据输入的实体状态变化序列对实体进行聚类。所提实体状态数据分类方法伪代码如表 4.1 所示。

表 4.1 实体状态数据分类方法伪代码

算法：实体状态数据聚类算法

输入：样本集合 $S = \{s_1, s_2, \cdots, s_i, \cdots, s_n\} \in \Phi_{qt}, \Phi_{ql}$，邻域参数（Eps, Minpts）

输出：簇集合 $Q = \{Q_1, Q_2, \ldots, Q_k\}$

初始化核心样本集合 $\Omega = \varnothing$，初始化聚类簇数 $k = 0$，初始化未访问样本集合 $\Gamma = S$

for $i = 1, 2, \cdots, n$ **do**

确定样本 S_i 的 Eps -邻域集合 $N(s_i)$

if $|N(s_i)| \geqslant \text{Minpts}$ **then**

将样本 S_i 加入核心样本集合：$\Omega = \Omega \cup \{s_i\}$

end if

end for

while $\Omega \neq \varnothing$ **do**

记录当前未访问样本集合：$\Gamma_{\text{old}} = \Gamma$

随机选取一个核心对象 $o \in \Omega$，初始化队列 $D = \{o\}$

算法： 实体状态数据聚类算法

$\Gamma = \Gamma \setminus \{o\}$

while $D \neq \varnothing$ **do**

取出队列 D 中首个样本 p

if $\left|N(s_i)\right| \geqslant \text{Minpts}$ **then**

$\Lambda = N(p) \cap \Gamma$

$D = D \cup \Lambda$

$\Gamma = \Gamma \setminus \Lambda$

end if

end while

$k = k + 1$

$Q_k = \Gamma_{\text{old}} \setminus \Gamma$

$\Omega = \Omega \setminus Q_k$

end while

由于受传输距离和传输带宽的限制，瞬变型实体的观测数据上传至云服务器的过程中，状态极有可能发生改变，当用户发出搜索请求后，云服务器返回的搜索结果极有可能已经过期，无法正确反映实体当前的真实状态。因此，本节所提的通过"云-边-端"协同缓存策略对实体进行准确识别并分类，最终分为瞬变型实体和缓变型实体，可以有效解决以上问题。缓变型实体由于状态变化比较缓慢，在实体关联的传感器将当前实体状态上报至云服务器后，在下次上报观测状态之前，该实体状态产生变化的概率较小，可保障对缓变型实体的搜索精度，并且缓变型实体状态数据缓存在云服务器也可以降低其他地区用户的搜索时延，而瞬变型实体离本地用户较近，则本地用户搜索其状态数据的时延较低，在较短的时间内其状态发生变化的概率较小。

4.4 "云-边-端"协同的实体搜索性能评估

本节采用实测数据集 Intel Lab[30] 与停车位占用数据集（Parking Birmingham Data Set）[31] 验证所提 "云-边-端" 协同的实体搜索方法的有效性，其中 Intel Lab 数据集包含在不同位置部署的 54 个温湿度传感器所采集的数据，每个传感器的采样个数为 5000 个，Parking Birmingham 数据集收集了从 8:00 到 16:30 不同地区两个月停车场数据，包括停车场的容量和车位占用情况，采样个数为每个地区 1300 个，共 30 个地区。仿真工具为 Python3.7 的 tensorflow2.0 和 Matlab R2019a。性能验证结果均为执行搜索请求 10000 次后的平均值，仿真参数设置如表 4.2 所示。

表 4.2 仿真参数设置

参数	数值
DSAE 层数	7
编码层神经元数量	1000, 512, 256, 128, 64, 32, 2
迭代次数	300
学习率	0.1
稀疏性参数（ρ）	0.02
稀疏性惩罚权重因子（β）	5×10^{-2}
邻域参数（Eps, Minpts）	(6, 0.047)
数据有效期/min	[0.1, 0.2, 0.25, 0.5, 0.75, 1]
请求速率 v/min^{-1}	$0 \sim 6$
用户设备发送功率/mW	100

4.4.1 实体分类方法性能验证

图 4.4(a) 为经过特征提取后的实体分类结果，由图可知，所提方法通过特征提取获得实体状态变化的隐藏特征，并经过表 4.1 所示的算法进行聚类后，根据样本分布的紧密程度，可将实体划分为边界清晰的两类，即缓变型实体和瞬变型实体。

此外，将本章所提算法与另外两种算法对比，分别是原始数据直接经过 DBSCAN 聚类与经过数据抽象和特征提取后经过 K-means[32] 聚类，如图 4.4(b) 和图 4.4(c) 所示。

由图 4.4(a) 可知，所提方法中 K-means 做参数自适应处理后再进行 DBSCAN 聚类，明显地把数据划分为了两类，且分界线明显。而在图 4.4(b) 中，将原始数据通过 PCA 方法提取特征后进行聚类，可以看出，数据聚类分界线不明显，数据较为分散且存在数据分类错误。其主要原因在于原始数据形态各异，且时变性特征不明显，利用 PCA 方法提取特征并不能达到所提方法中 DSEA 模型的深度挖掘效果，导致数据错误缓存，最终使得搜索结果准确率降低。

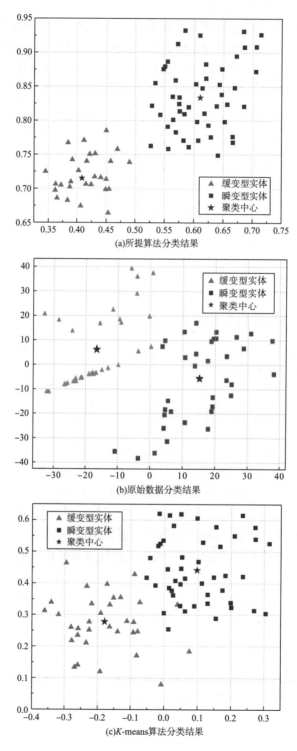

(a)所提算法分类结果

(b)原始数据分类结果

(c)K-means算法分类结果

图4.4　分类效果对比

在图 4.4(c)中，经过数据抽象和特征提取后，通过 K-means 算法进行聚类，由结果可知，聚类边界出现了交叉，而且产生了某些数据错误分类的情况，其主要原因在于 K-means 算法采用距离作为测度，只针对局部聚类，且只对球状簇聚类效果好，对存在异常点和孤点的数据敏感，而在物联网环境下，数据量大，数据类型多样，导致 K-means 聚类效果不佳。

为验证所提算法对数据集的分类精确度，采用 F-measure 对分类算法的结果进行评价，F-measure 是精确率(precision)和召回率(recall)的加权平均值，计算方法如下：

$$F\text{-measure} = \frac{\left(\lambda^2 + 1\right)\text{precision} \times \text{recall}}{\lambda^2 \text{precision} + \text{recall}} \tag{4.11}$$

通常情况下，参数 λ 设置为 1，F-measure 综合考虑了分类结果的精确率和召回率的情况，能够较为准确地评价分类算法的结果，F-measure 的取值范围为 $[0,1]$，当 F-measure 的值较高时，说明分类结果更为准确合理。

为验证所提算法的有效性，计算了三种算法的精确率、召回率和 F-measure，结果如表 4.3 所示，由表可知，所提算法的性能优于其他两种算法，其 F-measure 最高，表明分类结果最准确，其主要原因在于实体状态的原始数据通过深度学习模型进行特征提取后，能够提取隐含的实体状态时变性特征，并且通过 K-means 做参数自适应处理，从而解决算法对参数敏感问题，最终使得实体的分类结果较为准确。而 K-means 算法虽然简单，但由于算法本身的局限性，导致分类结果存在一定错误。原始数据直接进行分类错误率最高，其主要原因在于 DBSCAN 无法获取实体状态数据隐含的时变性特征，从而导致分类结果不准确。

表 4.3　各算法分类结果比较

算法	精确率	召回率	F-measure
所提算法	0.939	1	0.969
K-means 算法	0.867	0.839	0.857
原始数据分类	0.655	0.613	0.633

4.4.2　实体数据缓存方法性能验证

由于物联网数据具有一定的时效性，使得每个数据项都具有一定程度的新鲜度。物联网实体状态数据通过传感器采集后，将在边缘服务器或云端进行缓存，用户再通过边缘服务器或云服务器获取实体状态数据。用户获取到数据的时间与实体状态数据所产生的时间具有一定的时间间隔，称为数据的年龄。因此，数据存在一定的新鲜度损失，数据 q 的新鲜度损失定义如下：

$$Q = \begin{cases} \dfrac{t_{\text{age}}}{T_{\text{life}}}, & t_{\text{age}} < T_{\text{life}} \\ 1, & \text{其他} \end{cases} \tag{4.12}$$

其中，$t_{\text{age}} = t - t_{\text{gen}}$ 表示在时刻 t，数据 q 的年龄，t_{gen} 表示数据 q 采集的时间；T_{life} 表示数据的有效期。

本小节对所提"云-边-端"协同的实体状态数据分类缓存方法，在不同的请求速率下进行数据新鲜度性能验证，对比算法为前述文献[17]中的"云-端"协同的 P3 缓存算法。

图 4.5 描述了请求速率从 $0 \sim 6/\text{min}^{-1}$ 变化对瞬变型实体数据新鲜度的影响。当请求速率相对较低时，两种算法中瞬变型实体数据在该缓存内容的下一个搜索请求到达前数据新鲜度都已损失。此时，搜索到的数据为过期数据，数据新鲜度损失均为 1。一般情况下，用户搜索请求都为实时搜索，希望可以得到新鲜数据从而获得更好的服务。随着请求速率的增加，数据在过期之前会被请求很多次，二者的新鲜度呈下降趋势，这表示更多的搜索请求可以在缓存的数据过期之前到达。然而，所提的"云-边-端"协同缓存算法中边缘服务器缓存的瞬变型实体数据的新鲜度损失明显低于"云-端"协同缓存的 P3 算法的数据新鲜度损失，其主要原因在于边缘服务器距离实体和用户都比较近，使得数据年龄小于在云端缓存的数据年龄，用户获取数据时，产生的时延也比较短。因此，将瞬变型实体状态数据缓存在边缘服务器，能够提高用户对数据新鲜度的要求。

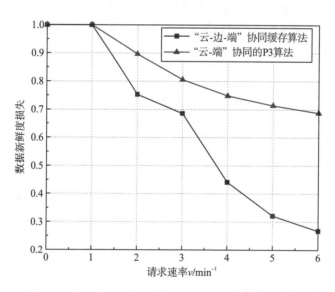

图 4.5　不同请求速率下瞬变型实体的数据新鲜度损失

4.4.3 实体搜索方法性能验证

本小节针对本章所提方法，对查准率、查全率、搜索能耗和搜索时延性能进行了验证，并与文献[17]的 P3 算法、文献[18]的 HESPM 算法进行对比，这两种方法均采用了"云-端"协同缓存的搜索架构。

搜索能耗[33]定义如式(4.13)所示，其中，E 表示用户搜索一次总的能量消耗；t 表示用户搜索时间；P 表示端设备单位时间内的平均能量消耗，单位是瓦特（W）。

$$E = Pt \tag{4.13}$$

图 4.6 和图 4.7 为用户不同容忍误差下，对搜索结果查准率与查全率的验证。由图 4.6 和图 4.7 可以看出，随着容忍误差的增加，三种算法的查准率和查全率均呈现出上升趋势，其主要原因在于容忍误差增大后，搜索结果的数值范围也随之增加，使得搜索到的实体数量增加，进而导致查准率和查全率增加。但 P3 算法和 HESPM 算法的查准率和查全率均低于本章所提的"云-边-端"协同缓存算法，其主要原因在于瞬变型实体状态数据的时变性较强，在 P3 算法中，所有数据均缓存在云服务器，通信距离过长，用户获取搜索结果前瞬变型实体数据的状态很有可能已经发生改变，使得搜索结果不匹配实体当前状态，从而导致查准率与查全率有所下降；在 HESPM 方案中，首先云服务器需解析用户搜索请求，进而将搜索请求拆分成多个子命令并发送给对应的网关，网关根据预测状态数据库进行搜索匹配后，还需访问实体对应的传感器对匹配结果进行验证，以上原因都导致通信时间过长，返回搜索结果时，实体状态数据极有可能发生改变导致查准率与查全率过低。在本章

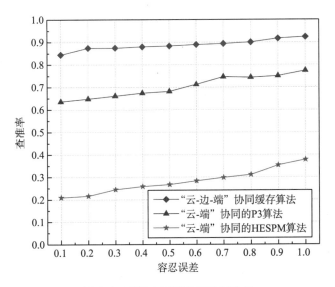

图 4.6 不同容忍误差下的查准率

所提方法中，实体状态数据根据实体特性分类缓存，瞬变型实体状态数据缓存在边缘服务器，使得用户搜索时状态不易发生改变，缓变型实体状态数据存储云端，给定时间内，状态变化概率较小，从而提升了整体的查准率和查全率。由图 4.6 和图 4.7 所示的结果中可知，相比于 P3 算法，"云-边-端"协同缓存算法的查准率和查全率平均提升了约 28.5% 和 46.5%，与 HESPM 相比，平均提升了约 60.6% 和 55.4%。

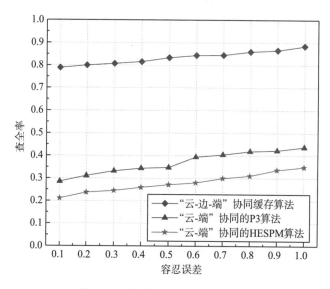

图 4.7   不同容忍误差下的查全率

如图 4.8 所示，随着请求速率的增加，三种算法的搜索能耗均呈现上升趋势，其主要原因在于每发出一次搜索请求，都会有相应的能耗产生，随着请求速率的增加，给定时间内用户的请求次数增加，导致系统总的搜索能耗增加，但相比较于 P3 算法和 HESPM 算法，"云-边-端"协同缓存算法搜索能耗最低，其主要原因在于边缘服务器和云服务器协同缓存，搜索结果只需边缘服务器或云服务器返回即可，降低了总体搜索时延，使得搜索能耗低于两种对比算法，且随着请求速率增加，搜索能耗之间的差值也越大，其主要原因在于 P3 算法和 HESPM 算法搜索一次能耗就相对较高，随着搜索次数的增加，总体搜索能耗呈线性增长。

图 4.9 可知，"云-边-端"协同缓存算法的搜索能耗随运行时间增加保持相对稳定的趋势，而"云-端"协同的 P3 算法和 HESPM 算法则产生了一定波动。原因在于 P3 算法和 HESPM 算法中，用户需与云服务器通信，使得彼此之间通信距离变长，同时，在同一时间内，与云服务器通信的用户数量变大，导致出现一定的排队等待时延，从而影响了搜索能耗。本章所提出的"云-边"协同缓存架构充分利用了边缘服务器通信时延短、通信稳定性高的优势，降低了用户访问云服务器的次数，使得用户获取数据的通信时延降低，整体搜索能耗波动小。此外，由

图中结果还可以看出,"云-边-端"协同缓存算法的搜索能耗均小于 P3 算法和 HESPM 算法,其主要原因在于"云-边-端"协同缓存算法的策略降低了用户访问云服务器的次数,并且不用访问传感器,使得用户获取信息的时间远小于两种对比算法,因此,搜索能耗远低于其他两种算法。相比于 P3 算法和 HESPM 算法,所提算法在搜索能耗方面分别减少了约 21.6% 和 51.8%。

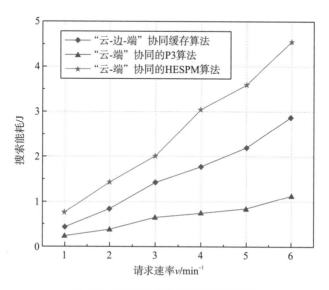

图 4.8 不同请求速率下的搜索能耗

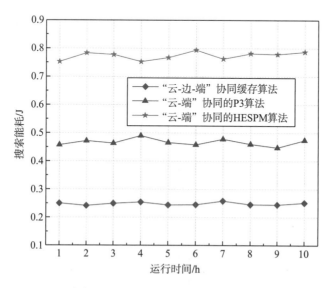

图 4.9 不同运行时间下的搜索能耗

为验证"云-边-端"协同缓存算法与 P3 算法对瞬变型实体状态数据的搜索时延，在实体状态数量不同的情况下，分别在两种方法中输入查询指令，记录两种方法的搜索时延，其结果如图 4.10 所示。由图 4.10 可知，随着实体数据量的增加，两种算法的搜索时延均呈现上升趋势，其主要原因在于数据量的增加加大了计算机处理任务量，从而使两种算法搜索时延都有所增加。但 P3 算法随着实体数量的增加，搜索时延上升趋势明显大于"云-边-端"协同缓存算法，其主要原因在于 P3 算法将数据缓存在云服务器，云服务器与用户之间的通信距离过长，并且与云服务器通信的终端设备数量较大，导致在用户发出搜索请求后，不仅存在传输时延，还存在排队等待时延，导致整个搜索时延上升。而"云-边-端"协同缓存算法，将瞬变型实体状态数据存储在边缘服务器，用户与边缘服务器的通信距离短，传输时延低，并且用户的搜索请求根据实际情况分布在不同的边缘服务器，出现拥塞或排队的概率低，使得整体的搜索时延小于 P3 算法的搜索时延。因此，对于物联网环境中的瞬变型实体状态数据，"云-边-端"协同缓存算法能保证搜索的时效性。

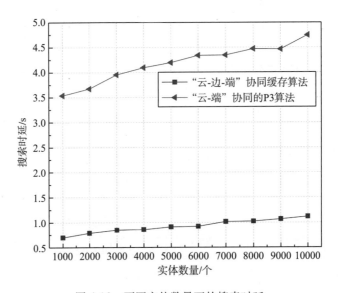

图 4.10　不同实体数量下的搜索时延

4.5　本章小结

本章结合云计算和边缘计算的优势，并合理利用端层的资源，提出一种"云-边-端"协同缓存的实体搜索系统架构。针对物联网实体搜索服务的实时性和准确性要求，在通过网关实现对原始数据进行抽象表征的基础上，充分考虑物理实体状态的时变性特征，提出了一种时变性感知的实体状态特征提取方法，进而提出

"云-边-端"协同的实体状态数据分类缓存方法，建立实体状态数据的区分缓存机制，将瞬变型实体状态数据缓存至边缘服务器，缓变型实体状态数据则缓存至云端服务器，以满足用户不同的搜索需求，且合理利用边缘服务器和云服务器的存储空间。仿真结果表明，"云-边-端"协同缓存算法能有效降低搜索时延和搜索能耗，保证用户获取数据的准确性和实时性，提升用户搜索体验。

参 考 文 献

[1] 陈敏，关欣，马宝罗，等. 物联网白皮书（2020 年）[R]. 北京：中国信息通信研究院，2020.

[2] Chu Y Y, Liu K H. IoT in Vehicle Presence Detection of Smart Parking System[C]//2020 IEEE Eurasia Conference on IOT, Communication and Engineering (ECICE). Taiwan: IEEE, 2020: 56-59.

[3] Hossain M S, Xu C S, Li Y, et al. Advances in next-generation networking technologies for smart healthcare[J]. IEEE Communications Magazine, 2018, 56(4): 14-15.

[4] Handayani A S, Husni N L, Permatasari R, et al. Implementation of Multi Sensor Network as Air Monitoring Using IoT Applications[C]//2019 34th International Technical Conference on Circuits/Systems, Computers and Communications (ITC-CSCC). JeJu: IEEE, 2019: 1-4.

[5] Pattar S, Buyya R, Venugopal K R, et al. Searching for the IoT resources: Fundamentals, requirements, comprehensive review, and future directions[J]. IEEE Communications Surveys & Tutorials, 2018, 20(3): 2101-2132.

[6] Wu D, Shi H, Wang H, et al. A feature-based learning system for Internet of things applications[J]. IEEE Internet of Things Journal, 2018, 6(2): 1928-1937.

[7] 高云全，李小勇，方滨兴. 物联网搜索技术综述[J]. 通信学报，2017，36(12)：57-76.

[8] Wu Y L, Huang H J, Wang C X, et al. 5G-Enabled Internet of Things[M]. Boca Raton: CRC Press, 2019.

[9] Zhang P N, Kang X Y, Liu Y Z, et al. Cooperative willingness aware collaborative caching mechanism towards cellular D2D communication[J]. IEEE Access, 2018, 6: 67046-67056.

[10] 方滨兴，刘克，吴曼青，等. 网络空间搜索大技术白皮书[R]. 北京：国家自然科学基金委员会信息科学部，2015.

[11] Wang H D, Tan C C, Li Q. Snoogle: A search engine for pervasive environments[J]. IEEE Transactions on Parallel and Distributed Systems, 2010, 21(8): 1188-1202.

[12] Yap K K, Srinivasan V, Motani M. MAX: Wide area human-centric search of the physical world[J]. ACM Transactions on Sensor Networks, 2008, 4(4): 26-59.

[13] Ostermaier B, Römer K, Mattern F, et al. A Real-time Search Engine for The Web of Things[C]//2010 Internet of Things (IoT). Tokyo: IEEE, 2010: 1-8.

[14] Yan T, Ganesan D, Manmatha R. Distributed Image Search in Camera Sensor Networks[C]//Proceedings of the 6th ACM conference on Embedded network sensor systems. New York: ACM, 2008: 155-168.

[15] Zhu H, Cao Y, Wei X, et al. Caching transient data for internet of things: A deep reinforcement learning approach[J]. IEEE Internet of Things Journal, 2019, 6(2): 2074-2083.

[16] Ma H D, Liu W. A progressive search paradigm for the internet of things[J]. IEEE MultiMedia, 2017, 25(1): 76-86.

[17] Shen M, Ma B L, Zhu L H, et al. Secure phrase search for intelligent processing of encrypted data in cloud-based IoT[J]. IEEE Internet of Things Journal, 2018, 6(2): 1998-2008.

[18] Zhang P N, Kang X Y, Wu D P, et al. High-accuracy entity state prediction method based on deep belief network toward IoT Search[J]. IEEE Wireless Communications Letters, 2018, 8(2): 492-495.

[19] Yu W, Liang F, He X F, et al. A survey on the edge computing for the internet of things[J]. IEEE Access, 2017, 6: 6900-6919.

[20] Wang R Y, Yan J J, Wu D P, et al. Knowledge-centric edge computing based on virtualized D2D communication systems[J]. IEEE Communications Magazine, 2018, 56(5): 32-38.

[21] Premsankar G, Di Francesco M, Taleb T. Edge computing for the internet of things: A case study[J]. IEEE Internet of Things Journal, 2018, 5(2): 1275-1284.

[22] Hossain S K A, Rahman M A, Hossain M A. Edge computing framework for enabling situation awareness in IoT based smart city[J]. Journal of Parallel and Distributed Computing, 2018, 122: 226-237.

[23] Xu F, Yang F, Zhao C, et al. Edge Computing and Caching Based Blockchain IoT Network[C]//2018 1st IEEE International Conference on Hot Information-Centric Networking (HotICN). Shenzhen: IEEE Press, 2018: 238-239.

[24] Tang J, Zhou Z B, Xue X, et al. Using collaborative edge-cloud cache for search in internet of things[J]. IEEE Internet of Things Journal, 2019, 7(2): 922-936.

[25] Fu J, Liu Y, Chao H, et al. Secure data storage and searching for industrial IoT by integrating fog computing and cloud computing[J]. IEEE Transactions on Industrial Informatics, 2018, 14(10): 4519-4528.

[26] Gong C, Lin F H, Gong X W, et al. Intelligent cooperative edge computing in internet of things[J]. IEEE Internet of Things Journal, 2020, 7(10): 9372-9382.

[27] Zhang P N, Liu Y N, Wu F, et al. Low-overhead and high-precision prediction model for content-based sensor search in the internet of things[J]. IEEE Communications Letters, 2016, 20(4): 720-723.

[28] Shen H Y, Liu J W, Chen K, et al. SCPS: A social-aware distributed cyber-physical human-centric search engine[J]. IEEE Transactions on Computers, 2015, 64(2): 518-532.

[29] Bengio Y, Lamblin P, Popovici D, et al. Greedy layer-wise training of deep networks[J]. Advances in Neural Information Processing Systems, 2007, 19: 153-160.

[30] Intel Lab Data [OL]. URL: http://db.csail.mit.edu/labdata/labdata.html.

[31] Parking Birmingham Data[OL]. URL: https://archive.ics.uci.edu/ml/datasets/Parking+Birmingham\#.

[32] Anil K J. Data clustering: 50 years beyond K-means[J]. Pattern Recognition Letters, 2010, 31(8): 651-666.

[33] Chen X, Pu L J, Gao L, et al. Exploiting massive D2D collaboration for energy-efficient mobile edge computing[J]. IEEE Wireless Communications, 2017, 24(4): 64-71.

第5章　"云-边-端"协同的视频缓存分发技术

　　"云-边-端"协同技术在视频缓存分发的应用中需要与数据挖掘与分析、兴趣预测、传输优化等技术结合,共同为视频服务提供缓存和分发决策能力。通过将视频业务下沉到边缘节点,可实现高效、快速、精准的视频内容分发,满足高质量、低时延视频业务处理和响应的需求。本章提出了一种"云-边-端"协同下的视频缓存和分发技术。在视频缓存过程,"云-边"协同完成数据和服务的智能和周期性管理。在视频分发过程,"边-端"协同完成数据和资源的实时性管理。

　　通信技术、边缘计算技术和边缘缓存技术的发展,大量的网络服务不断涌现,影响着人们的日常交互[1,2]。特别是流媒体直播、视频点播等视频服务,随着越来越多用户的青睐,其在未来互联网流量中将占到极高的比例。然而,视频业务对QoS 的不同要求给网络运营带来了新的挑战[3]。因此,视频服务增强已成为学术界和工业界的一个重要课题[4,5]。

　　现有研究中,视频缓存和视频分发通常是分开研究的[6,7]。其中,缓存方法在不同场景下大体是通用的,也就是说,大多数缓存方法也被应用于视频缓存研究中。其中,数据驱动方法(例如,机器学习)因其在挖掘缓存内容受欢迎程度和用户兴趣方面的优势而备受青睐[8-16]。同样地,在视频分发研究中也使用了其他场景下的分发方法。其中,模型驱动方法因其适用于处理各种资源优化问题更受欢迎[17-22]。部分缓存和分发研究举例如下[8-10],[14-27]。

　　在缓存研究中,文献[8]讨论了无线网络场景下基于视频流行程度和属性设计的缓存方案。文献[9]提出了一种以时间和空间耦合为基础的动力学模型来优化端到端多小区网络中的视频缓存成本。文献[10]在流行度时间不变性的假设下,利用状态转移场研究了向量空间中的动态缓存过程,得到了给定场景下的缓存通用模型。但是,文献[8]~文献[10]主要针对缓存的内容特征,并未考虑用户兴趣。而已经有相关研究证实视频请求对用户兴趣更为敏感[11]。因此,近年来一些研究在设计缓存方案时主要集中于用户兴趣挖掘[12,13]。文献[14]定义了"软缓存命中"参数,并联合优化了无线网络场景下视频的缓存和推荐决策。文献[15]联合缓存和推荐建立了雾计算网络场景下的通用缓存模型,该方法显著降低了兴趣挖掘模型训练的复杂度。在文献[16]中,提出了联合缓存决策和推荐决策的优化问题,其目标是在用户固有偏好的可控失真最小的情况下最大化无线蜂窝网络中的缓存命中率，该研究提出了一种启发式通用缓存算法。文献[14]～文献[16]设计的缓存方案是基于单个用户兴趣的，需要较大的缓存容量来保证覆盖所有用户下的命中率。但是，边缘缓存需要在有限缓存容量条件下满足多个用户的请求。因此，如何基于群组兴趣缓存内容仍然是一个开放的问题。也就是说，目前依然在寻找有效的视频缓存方法。

视频分发的相关研究工作通常集中在资源分配和网络性能优化方面。文献[17]采用随机几何理论分析了边缘缓存框架下缓存内容交付的成功概率和能量效率，按照视频内容的流行程度确定缓存位置。文献[18]提出了一种近似最优的视频放置方案，以最大限度地提高本地小区所能请求的数据总量。文献[19]重点讨论了无线缓存网络的视频分发问题，采用马尔可夫决策过程来确定视频质量和块数量，并使用李雅普诺夫优化方法来选择缓存节点。在此基础上，提出了一种在播放时延约束下最大化时间平均流质量的视频传输策略。文献[20]从概率的角度对视频分发时延进行了建模，随后引入了有效容量理论，根据每个用户的视频质量总和，优化资源分配和用户调度。在文献[21]中，作者提出了一种以信息为中心的虚拟化体系结构，将信息中心网络、网络功能虚拟化和软件定义网络相结合，保证了多媒体数据分发的统计时延界限。文献[22]提出了一种社交感知的 D2D 配对方案，该方案通过社交关系和物理条件获知单播吞吐量和时延，优化了视频分发质量。

利用文献[8]～文献[22]的研究方法，即视频缓存或视频分发，可以从一定程度上增强视频服务。但是这些研究无法用于将视频缓存和视频分发结合在一起的场景。

为了进一步提高服务性能，近年来研究人员开始关注视频缓存和分发的联合优化。文献[23]在超密集 F-RANs 中构造了一种动态分布式边缘缓存方案。通过进一步最小化代价函数对服务时延和前传链路负荷进行建模，得到通用缓存分发模型。针对异构车辆网络中的视频缓存和分发，文献[24]提出了一种基于稳定匹配的缓存方案，综合考虑文件特性和网络条件，最小化平均传输时延。文献[25]重点研究了大规模以用户为中心的移动网络中的协作边缘缓存，综合考虑流量分布、信道质量和文件流行度等因素，优化视频放置和集群大小，减小视频分发时延。文献[26]为了最小化云无线接入网中的系统成本，优化了在线资源分配、视频缓存和转发路径的联合方案，该方案考虑了存储、虚拟机重构、延迟和视频迁移。总的来说，文献[23]～文献[26]假设先验的流行度或用户偏好是可行的，这样就可以联合优化视频缓存和分发。然而，在实际应用中，用户兴趣属于主观情感，难以固定假设。于是，文献[27]将非负矩阵分解技术应用于预测用户偏好，并在此基础上提出了针对单个用户的分层主动缓存方案，其中的用户偏好模型仅适用于单用户场景。因此，对于视频缓存与分发的研究应该考虑到多方面因素，基于此，本章提出了"云-边-端"协同视频缓存和分发的设计方案。

5.1 技 术 挑 战

视频服务增强的一个基本问题是如何尽可能快地将视频发送给用户。为了满足这一要求,需要充分协调 CET 之间的视频调度方式。

一方面,在网络边缘缓存流行视频,从而缩短用户请求和服务源之间的距离,减轻回程链路的拥塞。此外,为了提高服务质量和降低运营成本,人们期望在边缘服务器上命中尽可能多的用户请求,同时命中尽可能多的缓存视频。但是,由于缓存容量有限,用户请求量大,如何在边缘服务器上缓存视频仍是一个重要问题。针对此问题,有两个主攻方向:其一,边缘服务器需要协同云服务器动态更新缓存内容,因此缓存策略需要基于"云-边"协同来设计;其二,由于缓存服务器内缓存内容的多样性,因此对于视频的缓存结果的选择应综合考虑用户兴趣、缓存容量、视频大小等因素,也就是说,在上述的"云-边"协同的基础上,还需要充分考虑"边-端"协同。

另一方面,合理的视频分发方案能够提高不同用户的 QoS 要求。为了保证用户的公平性和 QoS 要求,网络需要为每个视频流提供细粒度的资源管理。然而,由于通信资源的限制,如何对用户进行请求调度和资源管理,以满足视频业务的多样化需求,是网络性能优化方面始终面临的问题。具体可以从以下三点对视频分发的挑战进行总结。

(1)视频大小。由于各类穿戴设备、视频观看设备等硬件的快速发展,对视频的分辨率要求也从标清 360P 迅速发展到如今的 4K、8K,未来甚至可能更高。这将导致视频大小的成倍增加。

(2)传输带宽。由于传输过程中的带宽资源具有时变特性,而现今互联网人数达到了亿数量级,因此,同一时刻的视频请求下的传输链路资源紧张。即视频传输存在资源分配不公平问题。

(3)传输时延。从视频通话,到直播、云游戏等业务的迅速和磅礴发展,也对视频分发任务提出了更高的时延要求。5G 的高可靠低时延通信场景要求也反映了这一问题。

因此,视频服务增强不仅受到视频信息和用户请求的影响,也受到硬件设备和通信资源的影响。本章将视频信息和用户请求描述为社会域,将硬件设备和通信资源描述为物理域,进行后续讨论。CET 协同架构的提出,为视频服务增强策略提供了新思路。通过联合视频缓存和分发过程,实现了一体化视频服务,降低了管理和维护成本。然而,随之而来的挑战也是不可忽视的。在该架构中,首先要确保数据协同,即边缘服务器收集到的数据与云服务器应保持一致,就视频缓存来说,边缘节点收集到的用户-视频交互数据需要进行加工:清洗、转化、合并、抽取、计算等,剔除历史数据中的噪声数据,减小缓存压力,再上传到云节点进行长期存储。其次要确保智能协同，伴随着人工智能和大数据的发展，人工智能模型被大量用于数据预测场景。因此，在"云-边"协同中，应尽量在云服务器和边缘服务器使用相同的预测模型，避免模型导致的预测结果偏差。然而，云服务器和边缘服务器在模型训练上的参数和训练数据的选择存在差异性，寻找合适的模型成为一大研究难点。最后，要确保资源协同，CET 三者交互中的视频在传输过程中应具有资源完整性，即视频数据信息、大小、内容等保持一致，而不受存储设备、传输链路等外部因素影响。

在此背景下，研究适用于视频服务增强中视频缓存和传输的 CET 协同架构成为学术界和工业界的一大研究热点。

5.2   "云-边-端"协同的视频缓存分发模型与基础理论

5.2.1   "云-边-端"协同网络场景

如图 5.1 所示的"云-边-端"视频缓存和分发网络中，综合考虑了社会域属性和物理域属性来优化视频缓存和分发。其中包含云服务器、边缘服务器和多个用户。云服务器存储用户可能请求的所有视频，存储在云服务器上的视频用集合 $M = \{f_1, f_2, \cdots, f_m, \cdots, f_M\}$ 表示。云服务器根据边缘服务器上传的历史用户行为信息，利用人工智能方法预测每个用户的视频偏好，进而决定边缘服务器应该定期缓存哪些视频，同时，边缘服务器收集服务范围内所有用户的请求与交互数据，并定期上传到云服务器。使用 ε 表示缓存在边缘服务器上的视频。用户向边缘服务器发送视频请求，若请求的视频已经缓存在边缘服务器，则直接从边缘服务器发送给用户；否则，边缘服务器先从云服务器请求视频，再发送给用户，这个过程将产生额外的时延。

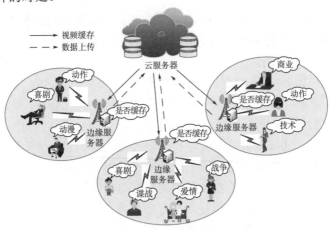

图 5.1   "云-边-端"视频缓存和分发网络

除了视频缓存,边缘服务器还负责视频传输的每个下行链路的无线资源分配。定义在边缘服务器的覆盖范围内的用户集合 $N = \{U_1, U_2, \cdots, U_n, \cdots, U_N\}$;网络的总带宽为 B;分配给第 n 个用户的带宽为 B_n。根据香农定理,第 n 个用户的信道容量为

$$R_n(i) = B_n \log_2 \left[1 + \frac{p_n h_n(i) l_n(i)}{N_0 B_n} \right] \tag{5.1}$$

其中,p_n 表示下行传输功率;$h_n(i)$ 表示小尺度衰落引起的信道增益;$l_n(i)$ 表示大尺度衰落引起的信道增益;N_0 表示高斯白噪声的功率谱密度。此外,i 用于索引视频速率自适应期间的时间块(time block,TB),其中 1TB 的长度等于信道相干时间 T。通常来说,相干时间在毫秒级,而视频速率自适应通常在秒级,因此,视频速率自适应的时间尺度远远大于信道相干时间。其中,假设信道为准静态平坦块衰落信道,即 h_n 在 TB 内不变,但在不同的 TBs 之间独立同分布。另外,用户在观看视频时的位置一般是静态的,这意味着由大尺度衰落引起的信道变化时间大于视频速率自适应的时间。因此,l_n 可以看作是不同 TBs 之间的常数。

5.2.2　视频缓存分发模型

第 i 个 TB 中的总视频传输时延由 $D_n(i)$ 表示。根据图 5.1,视频传输时延包括两个部分:从云服务器到边缘服务器的传输时延 $D_n^{\mathrm{CE}}(i)$ 和从边缘服务器到第 n 个用户的传输时延 $D_n^{\mathrm{EU}}(i)$,$D_n^{\mathrm{CE}}(i)$ 取决于有线传输媒介,$D_n^{\mathrm{EU}}(i)$ 取决于无线传输媒介,于是有

$$D_n(i) = D_n^{\mathrm{CE}}(i) \left(1 - \sum_{f_m \in M} \alpha_{n,m} \beta_m \right) + D_n^{\mathrm{EU}}(i) \tag{5.2}$$

假设每个用户一次只能请求一个视频,其中,$\alpha_{n,m} = 1$ 表示视频 f_m 被第 n 个用户请求;$\alpha_{n,m} = 0$ 表示第 n 个用户没有请求视频 f_m。此外,$\beta_m = 1$ 表示边缘服务器缓存了视频 f_m,即 $f_m \in \varepsilon$;反之,$\beta_m = 0$。

对于有线传输媒介来说,一方面,由于速率自适应期间分配给视频流的有限带宽固定,因此传输时延可以用常数建模,此外,由于边缘服务器与用户之间的距离远远小于云服务器与边缘服务器之间的距离,于是有 $D_n^{\mathrm{CE}}(i) = d_n^{\mathrm{C}}$,

$$D_n(i) = d_n^{\mathrm{C}} \left(1 - \sum_{f_m \in M} \alpha_{n,m} \beta_m \right) + D_n^{\mathrm{EU}}(i) \tag{5.3}$$

另一方面,由于无线媒介状态具有时变特性,严格地为用户提供时延保证并不可行。因此,可以考虑在边缘服务器处为每个视频流插入队列,以平衡由于信道变化而导致的到达率和服务率之间的不匹配。在子序列中,时间间隔 $[j,i)$ 用于表示从第 j 个 TB 到第 i 个 TB 的时间。在 $[j,i)$ 期间,对应的第 n 个用户的队列的

视频流到达累积量由 $A_n(j,i)=V_n(i-j)T$ 表示，其中，V_n 表示视频速率自适应期间的视频编码速率；同样地，对应的离开累积量用 $A_n^*(j,i)$ 表示。则可以验证，对于输入为 $A_n(j,i)$，输出为 $A_n^*(j,i)$ 的队列，存在[28]

$$A_n^*(0,i)=\inf_{0\leqslant j\leqslant i}\left\{A_n(0,j)+C_n(j,i)\right\} \tag{5.4}$$

其中，$C_n(j,i)=\sum_{t=j}^{i-1}R_n(t)T$，表示接入点在 $[j,i)$ 期间可以传输的视频流的累积量。

对于无线信道上的视频流，从边缘服务器到第 n 个用户的传输时延 $D_n^{\mathrm{EU}}(i)$ 可以建模为式(5.5)，这意味着到达第 i 块中队列的视频流的最后一位在第 $(i+d_n^{\mathrm{EU}})$ 块中传输。

$$D_n^{\mathrm{EU}}(i)=\inf\left\{d_n^{\mathrm{EU}}:A_n(0,i)\leqslant A_n^*\left(0,i+d_n^{\mathrm{EU}}\right)\right\} \tag{5.5}$$

为了更直观地描述时延性能，从统计角度出发，根据 5G 的 uRLLC 的需求，即视频传输时延超过最大容忍度 d_n 的概率应该控制在 ϵ_n 之内，建立了延迟度量模型为

$$\mathrm{DVP}_n\left(d_n\right)\triangleq\Pr\left\{D_n(t)>d_n\right\}\leqslant\epsilon_n \tag{5.6}$$

5.2.3 视频缓存分发问题解耦

直观来说，可以从以下三个方面改善用户的视频时延性能。首先，如果可以避免从云服务器到边缘服务器的传输过程，且能够高精度地预测用户请求，则可以减少视频请求带来的传输时延；其次，可以通过增加信道容量(系统资源)，以保证更低的传输时延；最后，可以通过降低视频编码速率来改善时延性能。然而，过低的视频编码速率将导致用户体验质量的下降，为了保障视频编码速率在用户之间的公平性，可以得到一个优化问题，使得图 5.1 考虑的网络最小单个视频编码速率最大化。

$$
\begin{aligned}
\mathrm{P1}\qquad & \max_{\boldsymbol{V},\boldsymbol{B},\boldsymbol{\beta}}\ \min_{U_n\in N}V_n\\
\mathrm{s.t.}\qquad & \mathrm{C1}:\mathrm{DVP}_n\left(d_n\right)\leqslant\epsilon_n,\forall U_n\in N\\
& \mathrm{C2}:\sum_{U_n\in N}B_n\leqslant B\\
& \mathrm{C3}:\sum_{f_m\in M}\alpha_{n,m}\leqslant1,\quad\forall U_n\in N\\
& \mathrm{C4}:\sum_{f_m\in M}\beta_m\leqslant E
\end{aligned}
\tag{5.7}
$$

其中，$V=\{V_n:U_n\in N\}$ 表示视频编码速率向量；$\boldsymbol{B}=\{B_n:U_n\in N\}$ 表示带宽分配向量；$\boldsymbol{\beta}=\{\beta_m:f_m\in M\}$ 表示视频缓存向量。在视频缓存分发子问题中，约束 C1 表示每个用户的统计时延要求；C2 表示分配给用户的资源不应该大于网络中的资源总量；C3 表示每个用户一次只能请求一个视频；C4 表示缓存的视频数量不应超

过边缘服务器的缓存容量。C2~C3 属于视频传输约束，C3~C4 属于视频缓存约束，并且视频缓存过程和视频传输过程相互独立，因此，视频缓存分发问题可以解耦为视频缓存子问题和视频传输子问题。通常，较高的边缘用户命中率可以保证较好的视频时延性能，从而进一步保证较高的视频编码速率。关于用户命中率的视频缓存子问题表述如下：

$$P2 \qquad \max_{\beta} \frac{\sum_{U_n \in N} \sum_{f_m \in M} \alpha_{n,m} \beta_m}{\sum_{U_n \in N} \sum_{f_m \in M} \alpha_{n,m}}$$

$$\text{s.t.} \qquad C3: \sum_{f_m \in M} \alpha_{n,m} \leqslant 1, \forall U_n \in N \qquad (5.8)$$

$$C4: \sum_{f_m \in M} \beta_m \leqslant E$$

由于视频编码速率与视频传输性能直接相关，因此，关于资源分配的视频传输子问题表述如下：

$$P3 \qquad \max_{V,B} \quad \min_{U_n \in N} V_n$$

$$\text{s.t.} \qquad C1: \text{DVP}_n(d_n) \leqslant \epsilon_n, \forall U_n \in N \qquad (5.9)$$

$$C2: \sum_{U_n \in N} B_n \leqslant B$$

视频缓存子问题和视频传输子问题的求解将在下面两节中分别介绍。

5.3 "云-边-端" 协同群组兴趣挖掘方案

与客观因素相比，缓存性能对用户兴趣、用户关系等主观因素更敏感，且主观因素对用户行为预测的影响难以分析表示。因此，很难或者不可能找到视频缓存子问题的最优解。基于此，本节提出了一种数据驱动的视频缓存方案，用以提高边缘服务器的用户命中率。其中，将该方案的预测结果作为视频缓存子问题的次优解。具体来说，云服务器采用深度学习方法从历史数据中挖掘每个用户对视频的兴趣。其中，在用户历史数据中，存在多个用户请求同一视频的情况，即用户之间的兴趣存在相似性，与此同时，同一个边缘服务器通常服务于多名用户，使得用户与用户之间基于单个视频和边缘服务器形成了一种社交关系。于是，在考虑缓存约束的前提下，引入用户相似度的社交计算思想，计算基于单个边缘服务器下用户之间的相似度，可以更好地挖掘用户兴趣。根据得到的相似模型，复杂的用户社交关系将被聚类为不同兴趣的用户群，进而从复杂多样的个性化用户中挖掘出具有用户群组兴趣的视频，并选择视频缓存在边缘服务器。

由于缓存决策与用户兴趣高度相关，可以借助用户属性、视频特征和用户历史行为来挖掘用户兴趣。该缓存方案的总体思路总结如下：

（1）用户属性建模。用户属性包括年龄、职业、居住地等。根据心理学，用户属性对用户兴趣有很大影响[29]，通常，所获知的用户属性越多，越能准确地挖掘用户兴趣。

（2）视频特征建模。视频特征包括视频类型、出版年份等。直观来说，视频特征对用户的决策有显著影响，所获知的视频细节描述越多，用户兴趣预测越准确。

（3）兴趣预测建模。为了决定缓存的视频内容，应该分析每个用户对每个视频的兴趣程度。用户属性、视频特征、用户与视频的交互信息的学习产生了低阶和高阶特征，基于深度学习的预测模型可以很好地学习上述特征，从而预测每个用户的兴趣。

（4）社交感知的视频缓存。为了提高用户命中率，应将获得的用户兴趣合并到群组兴趣中。由于具有更强的社交关系的用户可以更准确地反映群组兴趣，因此，应该考虑每个用户和所在群组之间的社交关系，进而根据群组兴趣，从候选视频中挑选视频进行边缘缓存。

总的来说，方案可以描述为如图 5.2 所示的缓存计算模型（hybrid human-artificial intelligence caching framework，HHAICF）。HHAICF 包括兴趣预测部分和缓存决策部分，其中，兴趣预测部分负责预测每个视频上的用户兴趣度，包括输入层、特征嵌入层和兴趣预测层；缓存决策部分决定边缘服务器的缓存内容，包括群组兴趣生成层、排序层和输出层。

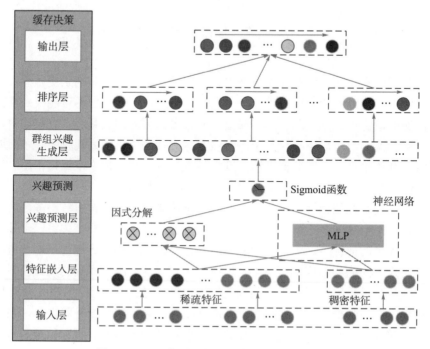

图 5.2　"云-边-端"协同视频缓存和传输框架

5.3.1 用户偏好感知的兴趣预测方法

在社会域中，用户对视频的请求受社交属性影响。具体来说，可以将影响用户偏好的属性分为两类：通用属性和特征属性。通用属性包括用户性别、年龄、社交圈、职业等客观因素；特征属性则受主观因素影响，例如，用户所处的环境、天气等。学习用户请求视频时的特征与视频之间的关联性，可以更准确地预测用户偏好，从而增加缓存命中率，达到"云-边"协同下降低传输时延的目的。

通常，用户对给定视频的兴趣可以分为喜欢或不喜欢，进而建模为二分类问题。此外，研究表明，因式分解机(factorization machine，FM)可以实现低阶特征的交叉，多层感知机(multilayer perceptron，MLP)可以很好地学习高阶特征[30,31]。因此，可以将 FM 与 MLP 相结合，这样既通过学习复杂的特征来泛化模型，又可以学习低阶特征来记忆模型。

由于标签特征没有实际意义，需要将其转化为稀疏特征，将离散特征的取值扩展到欧氏空间。相比之下，具有实际意义的特征(如年份)应转换为稠密特征，以便更好地表示数据特征。例如，输入特征 $x = \{[1,1991],[2,1992],[3,1995]\}$，可以分为标签特征 x_1 和具有实际意义的特征 x_2，其中，

$$x_1 = \{1,2,3\}, x_2 = \{1991,1992,1995\} \tag{5.10}$$

再将 x_1 通过独热(one-hot)编码嵌入为稀疏特征，得

$$x_1 = \{[0,0,1],[0,1,0],[1,0,0]\} \tag{5.11}$$

此时标签特征映射到了欧氏空间，使得特征之间的距离计算更加合理。

对于具有实际意义的特征 x_2，通过归一化将其嵌入到稠密特征中，即

$$x_2 = \frac{x_2 - \mu}{\sigma} \tag{5.12}$$

其中，μ 表示 x_2 的平均值；σ 表示方差。归一化的目的是降低特征之间的差值，或者说将特征映射到同一纬度。为了降低训练复杂度，FM 模块和 MLP 模块共享嵌入得到的稠密特征和稀疏特征。

在 FM 模块中，一阶权重矩阵用 w_{FM} 表示，二阶权重矩阵用 W_{FM} 表示，可以分解为

$$W_{FM} = YY^{\mathrm{T}} \tag{5.13}$$

其中，

$$Y = \begin{pmatrix} y_{11} & y_{12} & \cdots & y_{1N} \\ y_{21} & y_{22} & \cdots & y_{2N} \\ \vdots & \vdots & \ddots & \vdots \\ y_{M1} & y_{M2} & \cdots & y_{MN} \end{pmatrix} = \begin{pmatrix} y_1 \\ y_2 \\ \vdots \\ y_M \end{pmatrix} \tag{5.14}$$

从而得到 FM 模块的输出为

$$Z_{\mathrm{FM}} = <w_{\mathrm{FM}}, x> + \sum_{m=1}^{M-1}\sum_{i=m+1}^{M} <y_m, y_i> x_m x_i$$

$$= <w_{\mathrm{FM}}, x> + \frac{1}{2}\sum_{n=1}^{N}\left[\left(\sum_{m=1}^{M} y_{m,n} x_m\right)^2 - \sum_{m=1}^{M} y_{m,n}^2 x_m^2\right] \tag{5.15}$$

其中，$<w_{\mathrm{FM}}, x>$ 表示向量 w_{FM} 和 x 之间的内积运算，此时特征进行了一阶交叉。

在 FM 运算过程中，低阶交叉特征通过一阶内积运算和二阶矩阵运算得到，从而挖掘特征之间的显式关系。

在 MLP 模块中，采用 ReLU 函数作为激活函数。MLP 的输出表示为

$$Z_{\mathrm{MLP}} = \mathrm{ReLU}\left(W_{\mathrm{MLP}}\cdot x + b\right) \tag{5.16}$$

其中，W_{MLP} 表示 MLP 模块的权重矩阵；b 表示偏置向量。

FM 模块 Z_{FM} 和 MLP 模块 Z_{MLP} 的输出通过 Sigmoid 函数进行合并和处理，再通过连续梯度更新得到最优参数 $W = \{w_{\mathrm{FM}}, W_{\mathrm{FM}}, W_{\mathrm{MLP}}\}$。因此，兴趣预测模型的输出表示为

$$\tilde{r} = \mathrm{Sigmoid}\left(<Z_{\mathrm{FM}}, Z_{\mathrm{MLP}}>\right) \tag{5.17}$$

其中，$\tilde{r}$ 是向量，其元素的值都是 0～1 的浮点数，量化了用户和视频之间的相关性。为了优化学习权重 W，这里使用交叉熵函数作为损失函数，即

$$L = -\frac{1}{\|x\|}\sum_{x\in x}\left\{r\log\tilde{r}(x) + (1-r)\log\left[1-\tilde{r}(x)\right]\right\} \tag{5.18}$$

其中，$r \in \{0,1\}$ 表示训练集的分类标签；$\tilde{r}(x)$ 表示与输入特征 x 对应的兴趣预测；$\|x\|$ 表示训练集的大小。

FM 和 MLP 的结合确保了特征学习的泛化和记忆能力，这样就可以捕获用户的显式特征和隐式特征，从而挖掘用户兴趣。于是，根据得到的用户兴趣，结合用户的社交关系，可以进一步计算群组兴趣。

5.3.2 群组社交相似度感知的视频缓存策略

利用所得到的兴趣预测模型，可以预测用户对新视频的兴趣程度。其中 x^{new} 是未缓存视频特征与用户特征组合得到的集合，$\tilde{r}^{\mathrm{new}}$ 表示预测结果的集合。

$$\tilde{r}^{\mathrm{new}} = \tilde{r}\left(x^{\mathrm{new}}\right) \tag{5.19}$$

为了保证高用户命中率，需要从每个用户对新视频的兴趣中挖掘出群组兴趣。因此，可以运用社交计算的思想，对群组兴趣进行建模。具体而言，对于每个基站来说，两个视频观看行为相似的用户对视频可能有类似的兴趣。U_{n_1} 和 U_{n_2} 之间的兴趣相似度通常用余弦函数来表示，即

$$\mathrm{simc}_{n_1, n_2} = \frac{X(n_1)\cup X(n_2)}{\sqrt{\|X(n_1)\|\|X(n_2)\|}} \tag{5.20}$$

其中，$X(n_1)$ 表示 U_n 以前观看过的视频集；$\|X(n_1)\|$ 表示 $X(n_1)$ 集合的大小。一般来说，虽然相似度较高的用户对视频的兴趣程度较为类似，但也存在一定的差异。为了避免流行视频对兴趣相似度产生的估计偏差，这里引入惩罚因子对经典的余弦相似度模型进行修正。

$$\text{simi}_{n_1,n_2} = \frac{\sum\limits_{X(n_1)\cup X(n_2)} \dfrac{1}{\ln\left[1+\|I(m)\|\right]}}{\sqrt{\|X(n_1)\|\|X(n_2)\|}} \tag{5.21}$$

其中，$I(m)$ 表示观看过视频 f_m 的用户集合；$\|I(m)\|$ 表示相应集合的大小。f_m 越流行，$\|I(m)\|$ 就越大，从而降低 f_m 在用户 U_{n_1} 和 U_{n_2} 之间的兴趣相似度的影响力。此外，U_n 与群组之间的相似度可以建模为 U_n 与组内每个用户之间的相似度之和，表示为

$$\text{simg}_n = \sum\limits_{U_{n_2}\in N\&\&n_2\neq n} \frac{\sum\limits_{X(n_1)\cup X(n_2)} \dfrac{1}{\ln\left[1+\|I(m)\|\right]}}{\sqrt{\|X(n_1)\|\|X(n_2)\|}} \tag{5.22}$$

用户与群组的相似度越高，意味着这个用户对视频的兴趣可以更好地代表群组的兴趣。因此，可以通过以下表达式进一步建模用户和组之间的相似度影响。

$$a_n^{\text{si}} = \frac{\text{simg}_n - \min\{\text{simg}_n : U_n\in N\}}{\max\{\text{simg}_n : U_n\in N\} - \min\{\text{simg}_n : U_n\in N\}} \tag{5.23}$$

此外，用户对视频的兴趣预测可以分为正面情绪和负面情绪。设 $\tilde{r}_{n,m}^{\text{new}}\in\tilde{r}^{\text{new}}$ 表示 U_n 对第 m 个视频的兴趣；δ 表示阈值，其中 $\tilde{r}_{n,m}^{\text{new}}\geq\delta$ 表示 U_n 对第 m 个视频有兴趣，为正面情绪；相反，$\tilde{r}_{n,m}^{\text{new}}<\delta$ 表示 U_n 对第 m 个视频无兴趣，为负面情绪。因此，用户对于第 m 个视频的正面情绪和负面情绪比例分别表示为

$$\begin{aligned} a_m^{\text{po}} &= \frac{\sum\limits_{U_n\in N} I_{\{\tilde{r}_{n,m}^{\text{new}}\geq\delta\}}}{N} \\ a_m^{\text{ne}} &= \frac{\sum\limits_{U_n\in N} I_{\{\tilde{r}_{n,m}^{\text{new}}<\delta\}}}{N} \end{aligned} \tag{5.24}$$

其中，I_{event} 是指示函数。如果 $I_{\text{event}}=1$，表示 event 发生；否则 $I_{\text{event}}=0$。

得到了用户对新视频的兴趣预测值后，需要对缓存视频做出决策。如前所述，用户对每个边缘服务器范围内缓存视频的影响不同，根据不同的影响可以重新计算每个群组对第 m 个缓存视频的兴趣程度。

$$\mathrm{Pre}_m = \frac{\sum_{U_n \in N}\left(a_m^{\mathrm{po}} a_n^{\mathrm{si}} \tilde{r}_{n,m}^{\mathrm{new}} I_{\{\tilde{r}_{n,m}^{\mathrm{new}} \geq \delta\}} + a_m^{\mathrm{ne}} a_n^{\mathrm{si}} \tilde{r}_{n,m}^{\mathrm{new}} I_{\{\tilde{r}_{n,m}^{\mathrm{new}} \leq \delta\}}\right)}{N} \tag{5.25}$$

首先，a_n^{si} 表征了 U_n 与群组之间的相似度对群组兴趣预测的影响，U_n 与群组之间的相似度越高，越应分配更大的权重，以确保视频预测更好地满足群组内大多数用户的兴趣；其次，引入 a_m^{po} 来提升正面情绪对群组预测的影响；最后，虽然一部分用户对一些视频具有负面情绪，但是该值可能偏向中立，用户对其并不十分反感。相反地，小部分用户十分喜欢这些视频，故而引入 a_m^{ne} 用来提升视频选择的可能性。

根据式（5.25），可以获得群组对候选视频的兴趣并按降序排序。对于缓存容量为 $E(E=M)$ 的视频，可以缓存预测得分最高的前 E 个视频。换句话说，缓存决策可以通过下式获得：

$$\beta_m = \begin{cases} 1, & \mathrm{Pre}_m \text{ 在前 } E \text{ 个预测值} \\ 0, & \text{其他} \end{cases} \tag{5.26}$$

最终，缓存的视频集合为

$$\varepsilon = \{f_m : \beta_m == 1, m = 1, 2, \cdots, M\} \tag{5.27}$$

缓存方案概括为算法 5.1，如表 5.1 所示。

表 5.1　混合人工智能缓存方案

算法 5.1：混合人工智能缓存方案

输入：用户与视频的交互信息 x，边缘服务器 E 的缓存容量；
输出：视频缓存决策 β_m 和选择缓存的视频 ε

1：数据集划分，获得训练集 x^{tr} 和测试集 x^{te}，生成新视频集合 x^{new}；
2：**for** epoch = 1,2,$\cdots$,e,$\cdots$**do**
3：　　使用 FM 训练权重，根据式（5.15）获取用户兴趣；
4：　　使用 MLP 训练权重，根据式（5.16）获取用户兴趣；
5：　　根据式（5.17），通过合并从 FM 和 MLP 生成的结果来预测用户兴趣；
6：　　根据式（5.18）计算损失函数值；
7：　　**if** 第 e 次的损失函数值＜第 $e-1$ 次的损失函数值 **do**
8：　　　　**Continue**;
9：　　**else do**
10：　　　　获取最优权重 W 并中断；
11：　　**end if**
12：**end for**
13：根据式（5.19）计算用户对 x^{new} 的兴趣；
14：根据式（5.22）计算用户与群组之间的相似度；
15：根据式（5.23）和式（5.24）为群组兴趣的预测计算权重；
16：**for** $f_m \in M$ **do**
17：　　根据式（5.25）计算群组对第 m 个新视频的兴趣；
18：**end for**
19：根据式（5.26）得到 β_m，通过式（5.27）得到 ε。

5.4 "边-端"协同无线资源分配方案

视频分发过程中,如果不考虑视频大小,将占用多余带宽资源,导致传输拥塞,可同时传输视频数量少,同时,在多用户场景中,将增加用户等待时延,降低用户体验的公平性。因此,为了优化视频传输子问题中的无线资源和视频编码速率,在确保视频传输质量的条件下使视频码率最小化,争取更多的无线传输资源,本节根据边缘缓存决策 β 和用户请求 $\{\alpha_{n,m}\}$ 设计了视频传输方案。为了优化视频传输子问题中的无线资源和视频编码速率,首先推导了延迟违约概率,并将其归纳为以下定理。

定理 5.1 对于一个请求具有时延要求 d_n 的视频的用户,如果将信道容量设置为 $R_n(i)$,则相应的时延违约概率上界为

$$\mathrm{DVP}_n(d_n) = \mathrm{Pr}\{D_n(i) > d_n\}$$
$$\leqslant E[\mathrm{e}^{-\theta_n R_n(i)T}]^{d_n - d_n^C(1-\sum\limits_{f_m \in M}\alpha_{n,m}\beta_m)} \tag{5.28}$$

其中, $E[\cdot]$ 表示期望。假设视频编码速率为 V_n ,则对于任意的 θ_n 满足:

$$V_n \leqslant -\frac{\ln E[\mathrm{e}^{-\theta_n R_n(i)T}]}{\theta_n T} \tag{5.29}$$

当其他条件固定时,定理 5.1 还解释了用户的最大视频编码速率为

$$V_n^{\max} = -\frac{\ln E[\mathrm{e}^{-\theta_n R_n(i)T}]}{\theta_n T} \tag{5.30}$$

此外, θ_n 可以看作是自由参数。如果给定了视频流的延迟要求和延迟违约概率,根据式 (5.28),则存在

$$\begin{cases} E[\mathrm{e}^{-\theta_n R_n(i)T}]^{d_n - d_n^C(1-\sum\limits_{f_m \in M}\alpha_{n,m}\beta_m)} = \varepsilon_n \\ \theta_n = -\dfrac{\ln \varepsilon_n}{V_n T\left[d_n - d_n^C(1-\sum\limits_{f_m \in M}\alpha_{n,m}\beta_m)\right]} \end{cases} \tag{5.31}$$

最终,可以将视频传输子问题转化为下述问题。

$$\mathrm{P4} \qquad \max_{\boldsymbol{V},\boldsymbol{B}} \quad \min_{U_n \in N} V_n = -\frac{\ln E[\mathrm{e}^{-\theta_n R_n(i)T}]}{\theta_n T}$$

$$\mathrm{s.t.} \qquad \mathrm{C1}: \theta_n = -\frac{\ln \varepsilon_n}{V_n T\left[d_n - d_n^C(1-\sum\limits_{f_m \in M}\alpha_{n,m}\beta_m)\right]} \tag{5.32}$$

$$\mathrm{C2}: \sum_{U_n \in N} B_n \leqslant B$$

为了解决式(5.32)，进一步提出了定理5.2来说明如何平衡每个用户的视频编码速率和带宽分配。

定理5.2 式(5.32)的最优解总是满足：

$$\begin{cases} V_1 = V_2 = \cdots = V_n = \cdots = V_N \\ \sum_{U_n \in N} B_n = B \end{cases} \tag{5.33}$$

在定理5.2的基础上，式(5.32)可以进一步转化为

$$\text{P5} \qquad \max_{\boldsymbol{B}} \quad V_n^*$$

$$\text{s.t.} \qquad \text{C1}: \theta_n = -\frac{\ln \varepsilon_n}{V_n T \left[d_n - d_n^C (1 - \sum_{f_m \in M} \alpha_{n,m} \beta_m) \right]} \tag{5.34}$$

$$\text{C2}: \sum_{U_n \in N} B_n = B$$

$$\text{C5}: V_n^* = -\frac{\ln E[\mathrm{e}^{-\theta_n R_n(i)T}]}{\theta_n T}, \forall U_n \in N$$

利用 V_n 和 B_n 之间的单调性可以解式(5.34)。具体来讲，一方面，当 V_n 设置为较小值时，网络资源无法得到充分利用，在这种情况下，V_n 需要调高；另一方面，当 V_n 设置为较高值时，网络资源将不足，在这种情况下，V_n 需要调低。因此，最佳 V_n^* 可通过二分法探索获得。此外，当 V_n^* 固定时，还可以通过二分法探索为每个用户分配带宽。设 φ_V 和 φ_B 表示视频编码速率和带宽分配的精度要求。算法5.2给出了一种二分法探索方案，以找出最佳的视频编码速率 V_n^* 和带宽分配 B_n^*。

经过计算得到，算法5.2(表5.2)的计算复杂度为 $O\left[N \log_2 (\frac{V^{\max} - V^{\min}}{\varphi_V}) \log_2 \frac{B}{\varphi_B} \right]$。

表5.2　基于二分法探索的视频传输方案

算法5.2　基于二分法探索的视频传输方案

1：输入：$\alpha_{m,n}, \boldsymbol{\beta}, B, d_n, \epsilon_n, N, T, \varphi_V, \varphi_B$；

2：输出：V_n^*, B_n^*；

3：初始化 $B_n = \dfrac{B}{N}, \forall U_n \in N$；

4：根据式（5.30）计算 $V_n^{\max}$；

5：令 $V_n^{\min} = 0$；

6：**repeat**

7：　　设中点 $V_n^{\mathrm{mid}} = \dfrac{V_n^{\max} + V_n^{\min}}{2}$；

8：　　**for** $U_n \in N$ **do**

9：　　　　根据式（5.31）计算 θ_n；

算法 5.2 基于二分法探索的视频传输方案

10:	设 $B_n^{\max} = B, B_n^{\min} = 0$;
11:	**repeat**
12:	设中点 $B_n^{\mathrm{mid}} = \dfrac{B_n^{\max} + B_n^{\min}}{2}$;
13:	计算 $\gamma = -\dfrac{\ln E[\mathrm{e}^{-\theta_n R_n(i)T}]}{\theta_n T}$;
14:	**if** $V^{\mathrm{mid}} > \gamma$ **then**
15:	$B_n^{\min} = B_n^{\mathrm{mid}}$;
16:	**else**
17:	$B_n^{\max} = B_n^{\mathrm{mid}}$
18:	**end if**
19:	**until** $B_n^{\max} - B_n^{\min} \leqslant \varphi_B$ 或者 $V^{\mathrm{mid}} = \gamma$;
20:	$B_n = B_n^{\mathrm{mid}}$;
21:	**end for**
22:	**if** $\sum\limits_{U_n \in N} B_n > B$ **then**
23:	$V^{\max} = V^{\mathrm{mid}}$;
24:	**else**
25:	$V^{\min} = V^{\mathrm{mid}}$;
26:	**end if**
27:	**until** $V^{\max} - V^{\min} \leqslant \varphi_V$ 或者 $\sum\limits_{U_n \in N} B_n = B$
28:	$V_n^* = V^{\mathrm{mid}}, B_n^* = B_n = B_n^{\mathrm{mid}}$

5.5 "云-边-端" 协同视频缓存分发方案性能评估

在本节中，通过大量的实验来分析本章所提出的视频缓存和传输方案的有效性。特别地，使用真实世界的数据集 Movielens[13]来验证该视频缓存方案的适应性。数据集包括用户属性、电影属性以及电影评分等信息。为了表示用户信息对用户兴趣的影响，本节从统计的角度使用了用户画像方法挖掘潜在用户属性，另外，将数据集随机划分为训练集和测试集，并分别进行模型训练和兴趣预测。

根据已有的用户与电影的交互信息，首先生成用户从未看过的电影的交互信息，并将标签设置为未知；然后随机选取 N 个用户进行实验。考虑到用户看过的电影远多于未看过的电影，为每个用户随机选择 $M = 3E$ 个没看过的电影来生成数据集 $\boldsymbol{x}^{\mathrm{new}}$。视频分发过程中的各种相关参数如下：视频请求 $\{\alpha_{i,j}\}$ 可以从 $\boldsymbol{x}^{\mathrm{new}}$ 获得；对于无线通信部分，传输块长度设置为 0.1s，网络带宽设置为 50MHz，背景噪声功率谱密度 N_0 设置为 $-130\,\mathrm{dBm/Hz}$；假设小尺度衰落引起的信道功率增益服从具有单位均值的指数分布；路径损耗 l_n 设为 ρ_n^{-2} ，且每 1m 的参考距离衰减 30dB，其中 ρ_n 表示边缘服务器和 U_n 之间的距离。此外， ρ_n 是基于泊松点过程 (Poisson point process，PPP) 在 15～20m 内选择的随机值。对于有线通信部分，假设云服务器和边缘服务器之间的传输时延为 0.1s。

5.5.1　用户兴趣预测评估

本节从曲线下面积 (area under curve，AUC) 和模型精度 (accuracy，ACC) 两个方面评价了该模型的性能。AUC 是评价二分类模型学习性能的一个通用指标。其定义如下：

$$\text{AUC} = \Pr\{\tilde{r}_{n_1,m_1}^{\text{new}} > \tilde{r}_{n_0,m_0}^{\text{new}}\} = \frac{\sum I(\tilde{r}_{n_1,m_1}^{\text{new}}, \tilde{r}_{n_0,m_0}^{\text{new}})}{PQ} \tag{5.35}$$

其中，P 表示负样本数量；Q 表示正样本数量，且

$$I(\tilde{r}_{n_1,m_1}^{\text{new}}, \tilde{r}_{n_0,m_0}^{\text{new}}) = \begin{cases} 1, & \tilde{r}_{n_1,m_1}^{\text{new}} > \tilde{r}_{n_0,m_0}^{\text{new}} \\ 0.5, & \tilde{r}_{n_1,m_1}^{\text{new}} = \tilde{r}_{n_0,m_0}^{\text{new}} \\ 0, & \tilde{r}_{n_1,m_1}^{\text{new}} < \tilde{r}_{n_0,m_0}^{\text{new}} \end{cases} \tag{5.36}$$

对于二分类问题，将决策阈值 δ 设为 0.5，即如果兴趣预测得分 $\tilde{r}_{n,m}^{\text{new}}$ 大于 0.5，则预测结果等于 1；否则为 0。因此，预测值与实际值之间的关系可以表示为表 5.3，从而得到兴趣预测方案的模型精度：

$$\text{ACC} = \frac{\text{TP} + \text{TN}}{\text{TP} + \text{FN} + \text{FP} + \text{TN}} \tag{5.37}$$

其中，TP、FN、FP 和 TN 分别表示真阳性样本数、假阴性样本数、假阳性样本数和真阴性样本数。

表 5.3　准确率评估方法

		预测值	
		1	0
实际值	1	真阳 (true positive，TP)	假阴 (false negative，FN)
	0	假阳 (false positive，FP)	真阴 (true negative，TN)

图 5.3 从 AUC 和 ACC 的角度描述了兴趣预测方案的性能。可以看到，当训练次数 (即 epoch) 为 13 时，获得的 AUC 和 ACC 最大。此外，还证实了该方案能够保证较高的 AUC 和 ACC，这意味着该模型对用户兴趣预测的有效性。

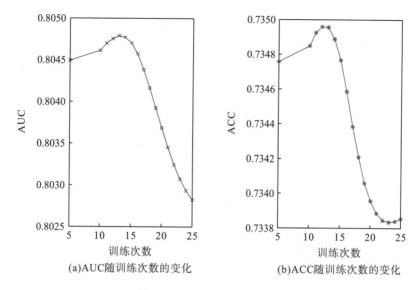

(a)AUC随训练次数的变化   (b)ACC随训练次数的变化

图 5.3 兴趣预测方案的性能

5.5.2 视频缓存性能评估

在本节中,首先分析了该方案下用户命中率(user hit rate,UHR)的性能。如前所述,用户命中率定义为其用户请求在边缘服务器上被命中的概率,即

$$
\text{UHR} = \frac{\sum\limits_{U_n \in N} \sum\limits_{f_m \in M} \alpha_{n,m} \beta_m}{\sum\limits_{U_n \in N} \sum\limits_{f_m \in M} \alpha_{n,m}} \tag{5.38}
$$

此外,这里还考虑了两种基准方案,即基于流行度的方案和 Top-K 方案[32]。基于流行度的方案根据历史视频流行度来缓存得分最高的 E 个视频,而 Top-K 方案根据预测的用户个人兴趣缓存得分最高的 E 个视频。

图 5.4 描述了在缓存容量设置为 $E=100$ 的不同方案下的 UHR 性能。结果表明,在基于流行度的方案下,UHR 随着用户数的增加而增加。这是因为历史视频的流行度等同于群组视频的流行度。相反,Top-K 方案根据单个用户的兴趣来缓存视频。如果缓存容量足够高(例如,$E=100$,$N \leqslant 100$),则 Top-K 方案下的 UHR 是稳定的。然而,随着用户数量的增加(例如,$N \geqslant 300$),缓存容量不足以保证每个用户的兴趣。此时,Top-K 方案的 UHR 有所下降,这意味着直接将单个用户的兴趣通过 Top-K 方案进行边缘缓存决策并不适用。此外,与基于流行度的方案相比,本章介绍的方案的 UHR 对用户数的敏感度较低,这是因为给定群组的兴趣在特定时间内是统计稳定的。由于该方案能够准确地捕捉到一个群组的兴趣,因此 UHR 是稳定的。此外,与其他基准方案相比,该方案具有更高的 UHR。这验证了群组社交相似度感知模型对群组兴趣表征的有效性。

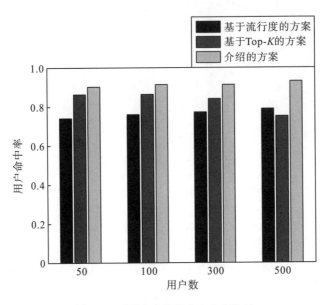

图 5.4　不同方案的用户命中率比较

　　图 5.5 描绘了在不同缓存容量 E 和用户数 N 下的 UHR。可以发现 UHR 随着缓存容量的增加而增加，这是因为视频被缓存得越多，用户请求命中的概率就越高。此外，当 N 很小时 (如 $N \leqslant 100$)，增加 N 可以给 UHR 带来增益，因为在这种情况下，群组兴趣的统计信息并不突出，随着 N 的增加 (如 $N \geqslant 100$)，群组兴趣的统计信息趋于稳定，从而使得 UHR 开始收敛。

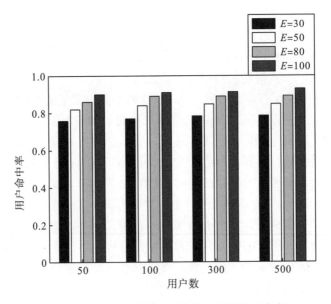

图 5.5　不同缓存容量和用户数下的用户命中率

除了用户命中率，视频命中率(hit rate，HR)也是衡量边缘服务器视频缓存效率的重要指标之一。具体来说，HR 定义为缓存视频被用户请求的概率，即

$$
\text{HR} = \frac{\sum_{f_m \in M} \min\{\sum_{U_n \in N} \alpha_{n,m}, 1\} \beta_m}{E} \tag{5.39}
$$

图 5.6 描述了视频命中率和边缘缓存容量之间的关系，其中用户的数量 N 被设置为 100，进而验证了该方案的性能优于基准方案。此外，可以观察到基于流行度的方案和 Top-K 方案下的 HR 都随着缓存容量的增加而增加。其主要原因在于基于流行度的方案根据视频的历史流行度进行缓存决策，由于用户通常只愿意观看一次视频，一些缓存的视频可能已经被用户观看过，这将使得 HR 降低。因此，通过增加缓存容量来缓存更多的视频，可以提高基于流行度方案的 HR。此外，Top-K 方案只基于每个用户的兴趣来缓存视频，由于一个用户可能对多个视频表现为强烈兴趣，Top-K 方案会在缓存决策持续时间内为一些特定用户缓存大量视频，但是，用户不能在缓存决策持续时间内观看太多视频。因此，更大的缓存容量允许边缘服务器缓存更多的视频，这些视频包括了一些用户兴趣相对较弱的视频。不同的是，介绍的方案的 HR 随着缓存容量的增加而降低。特别地，在边缘缓存容量较小(E=30)的情况下，该方案能够保证接近完美的 HR，其主要原因在于该方案能够很好地获得群组兴趣。因此，与群组兴趣密切相关的视频被预测为高分值并准确缓存。随着缓存容量的增加，用户不感兴趣的视频被缓存得越来越多，这导致 HR 的性能下降，产生较高的经济成本，然而从图 5.5 可以看出，越大的缓存容量越能够保证更高的 UHR。因此，应仔细权衡 UHR 和 HR，针对社区内用户设计合适的缓存容量。

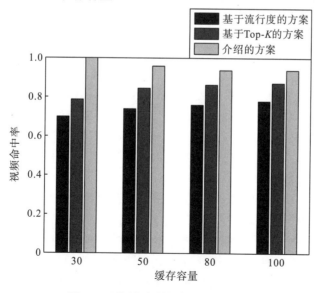

图 5.6 不同方案的视频命中率对比

5.5.3　视频传输性能评估

图 5.7 描绘了不同时延约束下每个视频的编码速率情况。设链路带宽为 0.5MHz，边缘服务器与用户之间的距离为 20m，可以得到最大单个视频的编码速率 V_n 随时延需求 d_n 和容忍延迟违约概率 ε_n 的增加而增加。这是因为较大的 d_n 或 ε_n 放宽了时延约束，从而得到更高的视频编码速率。随着时延约束足够宽松，持续视频编码速率趋于收敛，在这种情况下，视频传输是时延容忍的，并且视频编码速率接近平均信道容量。

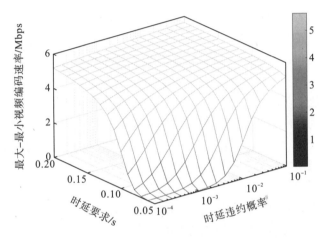

图 5.7　不同时延约束下每个视频的编码速率情况

图 5.8 和图 5.9 分别展示了用户最佳视频编码速率和网络吞吐量的性能。对于任意用户 $U_n \in N$，存在 $d_n = 0.2s$ 和 $\varepsilon_n = 0.001$。为了验证本章中的 CET 协同框架和视频传输方案的有效性，引入了两种基准方案进行比较。理想的"边-端"协同方案假设所有请求的视频都在边缘服务器上命中，从而避免了从云服务器到边缘服务器的传输时延；无"边-端"协同方案假设所有请求的视频都是从云服务器传输给用户的，这可以看作是最坏的情况。在相同带宽下，本节介绍的"边-端"协同视频分发方案将根据缓存方案得到的缓存视频传输给具有相同带宽的用户。

在图 5.8 中，可以观察到最佳视频编码速率随着用户数量的增加而减小。这是因为当网络带宽固定时，用户越多意味着每个用户可分配的资源越少。此外，该方案的性能接近理想方案，其原因是该方案为用户精准地缓存视频，因此，大部分请求视频可以在边缘服务器上被命中。与无"边-端"协同的方案相比，有"边-端"协同的方案可以显著提高视频编码速率，从而提高用户体验质量。此外，与为每个用户分配相同带宽的方案相比，该方案能够得到更高的最小单个视频编码速率，保证了用户的公平性。

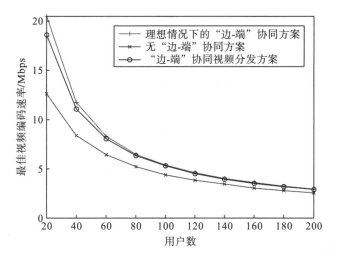

图 5.8 用户公平性要求下的最佳视频编码速率

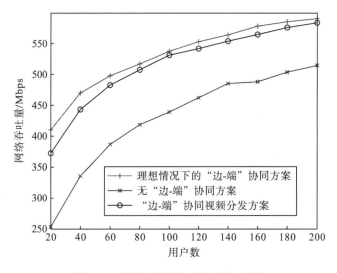

图 5.9 不同用户数量下的网络吞吐量

在图 5.9 中，网络吞吐量被定义为每个用户的视频编码速率的总和。结果表明，网络吞吐量随着用户数的增加而增加，这意味着所有方案都能获得统计复用增益。此外，相同带宽方案下的网络吞吐量性能略高于本章介绍的"边-端"协同视频分发方案，这是因为用户公平性是以牺牲信道质量好的一些用户的性能为代价来保证的。

5.6 本章小结

本章介绍了 CET 协同下的视频服务增强方案，重点对视频缓存和视频分发两个方面进行了分析和讨论，力求为读者提供一个视频服务增强研究的新思路。同时，本章详细介绍了混合人工智能的视频缓存方案和二分法感知的视频分发方案，旨在保证统计时延约束的同时，提升边缘服务器视频缓存和传输管理效率。其中，"云-边"协同策略基于神经网络、因式分解和用户相似度对用户兴趣预测进行了有针对性的增强和创新设计，有效支持了视频在边缘服务器的预放置；"边-端"协同策略则针对视频分发进行了优化设计，传输过程中的通信带宽分配、视频编码速率等通过二分法探索都得到了进一步的优化。这样，该方案就成为联合视频缓存和分发的一体化服务框架，实现了低时延、高可靠的视频服务需求。

参 考 文 献

[1] Navarro-Ortiz J, Romero-Diaz P, Sendra S, et al. A survey on 5G usage scenarios and traffic models[J]. IEEE Communications Surveys & Tutorials, 2020, 22(2): 905-929.

[2] Zhou L, Wu D, Chen J X, et al. Cross-modal collaborative communications[J]. IEEE Wireless Communications, 2020, 27(2): 112-117.

[3] Hu H, Wen Y A, Niyato D. Spectrum allocation and bitrate adjustment for mobile social video sharing: Potential game with online QoS learning approach[J]. IEEE Journal on Selected Areas in Communications, 2017, 35(4): 935-948.

[4] Sheng M, Xu C, Liu J Y, et al. Enhancement for content delivery with proximity communications in caching enabled wireless networks: Architecture and challenges[J]. IEEE Communications Magazine, 2016, 54(8): 70-76.

[5] Li N, Hu Y, Chen Y, et al. Lyapunov optimized resource management for multiuser mobile video streaming[J]. IEEE Transactions on Circuits and Systems for Video Technology, 2018, 29(6): 1795-1805.

[6] Zhou G R, Zhao L Q, Wang Y F, et al. Energy efficiency and delay optimization for edge caching aided video streaming[J]. IEEE Transactions on Vehicular Technology, 2020, 69(11): 14116-14121.

[7] Wu J, Tan B, Wu J, et al. Video multicast: Integrating scalability of soft video delivery systems into NOMA[J]. IEEE Wireless Communications Letters, 2019, 8(6): 1722-1726.

[8] Goian H S, Al-Jarrah O Y, Muhaidat S, et al. Popularity-based video caching techniques for cache-enabled networks: A survey[J]. IEEE Access, 2019, 7: 27699-27719.

[9] Mehrizi S, Chatterjee S, Chatzinotas S, et al. Online spatiotemporal popularity learning via variational bayes for cooperative caching[J]. IEEE Transactions on Communications, 2020, 68(11): 7068-7082.

[10] Gao J, Zhao L, Shen X M. The study of dynamic caching via state transition field——the case of time-varying

popularity[J]. IEEE Transactions on Wireless Communications, 2019, 18(12): 5938-5951.

[11] Zhang W, Wu D, Yang W D, et al. Caching on the move: A user interest-driven caching strategy for D2D content sharing[J]. IEEE Transactions on Vehicular Technology, 2019, 68(3): 2958-2971.

[12] Dara S, Chowdary C R, Kumar C. A survey on group recommender systems[J]. Journal of Intelligent Information Systems, 2020, 54(2): 271-295.

[13] Qin D, Zhou X M, Chen L, et al. Dynamic connection-based social group recommendation[J]. IEEE Transactions on Knowledge and Data Engineering, 2018, 32(3): 453-467.

[14] Costantini M, Spyropoulos T, Giannakas T, et al. Approximation Guarantees for The Joint Optimization of Caching and Recommendation[C]//ICC 2020 IEEE International Conference on Communications (ICC). Dublin: IEEE, 2020: 1-7.

[15] Yan J, Jiang Y, Zheng F, et al. Distributed Edge Caching with Content Recommendation in Fog-RANs Via Deep Reinforcement Learning[C]//2020 IEEE International Conference on Communications Workshops (ICC Workshops). Dublin: IEEE, 2020: 1-6.

[16] Chatzieleftheriou L E, Karaliopoulos M, Koutsopoulos I. Jointly optimizing content caching and recommendations in small cell networks[J]. IEEE Transactions on Mobile Computing, 2018, 18(1): 125-138.

[17] Fan C S, Zhang T K, Liu Y M, et al. Cache-enabled HetNets with limited backhaul: A stochastic geometry model[J]. IEEE Transactions on Communications, 2020, 68(11): 7007-7022.

[18] Zhang X W, Lv T J, Yang S S. Near-optimal layer placement for scalable videos in cache-enabled small-cell networks[J]. IEEE Transactions on Vehicular Technology, 2018, 67(9): 9047-9051.

[19] Choi M, No A, Ji M Y, et al. Markov decision policies for dynamic video delivery in wireless caching networks[J]. IEEE Transactions on Wireless Communications, 2019, 18(12): 5705-5718.

[20] Khalek A A, Caramanis C, Heath R W. Delay-constrained video transmission: Quality-driven resource allocation and scheduling[J]. IEEE Journal of Selected Topics in Signal Processing, 2014, 9(1): 60-75.

[21] Zhang X, Zhu Q X. Information-centric virtualization for software-defined statistical QoS provisioning over 5G multimedia big data wireless networks[J]. IEEE Journal on Selected Areas in Communications, 2019, 37(8): 1721-1738.

[22] Zhang Z F, Zeng T, Yu X L, et al. Social-aware D2D pairing for cooperative video transmission using matching theory[J]. Mobile Networks and Applications, 2018, 23(3): 639-649.

[23] Jiang Y X, Hu Y B, Bennis M, et al. A mean field game-based distributed edge caching in fog radio access networks[J]. IEEE Transactions on Communications, 2019, 68(3): 1567-1580.

[24] Wu H Q, Chen J Y, Xu W C, et al. Delay-minimized edge caching in heterogeneous vehicular networks: A matching-based approach[J]. IEEE Transactions on Wireless Communications, 2020, 19(10): 6409-6424.

[25] Zhang S, He P, Suto K, et al. Cooperative edge caching in user-centric clustered mobile networks[J]. IEEE Transactions on Mobile Computing, 2017, 17(8): 1791-1805.

[26] Pu L J, Jiao L, Chen X, et al. Online resource allocation, content placement and request routing for cost-efficient edge caching in cloud radio access networks[J]. IEEE Journal on Selected Areas in Communications, 2018, 36(8):

1751-1767.

［27］ Zhang Z, Lung C H, St-Hilaire M, et al. Smart proactive caching: Empower the video delivery for autonomous vehicles in ICN-based networks［J］. IEEE Transactions on Vehicular Technology, 2020, 69 (7) : 7955-7965.

［28］ Jiang Y M, Liu Y. Stochastic Network Calculus［M］. Heidelberg: Springer, 2008.

［29］ Wang L C, Meng X W, Zhang Y J. A cognitive psychology-based approach to user preferences elicitation for mobile network services［J］. Acta Electronica Sinica, 2011, 39 (11) : 2547-2553.

［30］ Cheng H T, Koc L, Harmsen J, et al. Wide & Deep Learning for Recommender Systems［C］//Proceedings of the 1st Workshop on Deep Learning for Recommender systems. New York: ACM, 2016: 7-10.

［31］ Guo H, Tang R, Ye Y, et al. DeepFM: A Factorization-machine Based Neural Network for CTR Prediction［C］//Proceedings of the 26th International Joint Conference on Artificial Intelligence. Melbourne: AAAI, 2017: 1725-1731.

［32］ Liu H, Wen J, Jing L, et al. Deep Generative Ranking for Personalized Recommendation［C］//Proceedings of the 13th ACM Conference on Recommender Systems. New York: ACM, 2019: 34-42.

第6章 "云-边-端"协同的情感识别技术

新兴的虚拟现实(virtual reality，VR)、增强现实(augmented reality，AR)和自动驾驶汽车需要精确、实时响应使用的情感状态。传统的情感识别模型通常部署在云中心服务器上，缺乏对个体情感变化的实时预测和覆盖能力。本章建立了面向情感识别应用的"云-边-端"协同框架，设计了一种三维通道映射方法，从脑电图(electroencephalogram，EEG)中提取特征，聚合到通用情感识别模型中，并利用迁移学习方法对通用情感识别模型进行本地化和个性化处理，实现情感状态的实时响应。

6.1 情感识别技术研究现状及主要挑战

情感是人类日常生活中至关重要的一部分，在人类的认知、互动、决策过程以及对外界环境的感知中都起着重要的作用。情感识别在于构建一个识别系统，赋予机器理解人类情感的能力，实现更好的人机交互。通过不同技术方法对情感识别的准确性和实时性进行研究，在现实生活的诸多应用中都有很重要的实际意义。如在医疗健康方面，通过情感识别技术对正在接受治疗的患者进行情感状态跟踪，可以帮助医生了解患者的精神状态，以便于医生制定个性化的治疗和康复方案；在自动驾驶领域，通过情感识别技术可以使驾驶员与车辆实时交互，若驾驶员有愤怒等不稳定的情绪，可播放其喜欢的歌曲来平复心情，若驾驶员疲倦时可提醒到附近休息；在机器人应用方面，利用情感识别技术可以帮助人们完成很多工作，如智能陪伴机器人，可以成为老年人或小孩的智能伙伴，在相处过程中加入情感的交互、交流可以使机器人更加懂得人的需求，实现更好的陪伴。此外，在游戏、测谎、在线教育、士兵训练等领域，情感识别技术具有较大的潜在应用价值。

情感识别研究即试图构建人与计算机之间情感交互的模型，赋予计算机情感识别和情感表达的能力。最先进的情感识别技术通常建立在生理或非生理信号分析的基础上，非生理信号(如面部表情、语言等)很容易获得，但个体在有意识地调节情感表现的情况下，对实际情感状态识别具有高度不确定性[1]。更糟糕的是，一些基于人类面部运动的情感识别算法会根据面试者脸部皱眉识别为愤怒表情，而不管他/她是否真的生气。因此，非生理信号不能保证情感识别的准确性。新兴的脑机接口技术和神经网络信号分析技术使研究人员能够利用 EEG 实现情感识别（EEG based emotion recognition，EEGER）[2]。由于情感是大脑皮层、边缘系统和神经处理相互作用产生的，因此，EEG 记录了大脑活动的典型生理信号，包含丰富的情感相关信息[3]。此外，高时间分辨率的 EEG 不可能被轻易篡改，可以实现完美的实时 EEGER。基于 EEG 的情感识别在特征提取、信号分类、信号分解、分析模型优化等方面取得了巨大的进展。EEGER 优越的准确性和穿戴式 EEG 设备的移动性，使 VR/AR/自动驾驶应用中的用户情感实时监测成为可能。

目前，基于 EEG 的情感识别技术主要是提取 EEG 特征进行分类，找到脑电信号特征和人类情感之间的高度相关性，挖掘并尝试更多的特征提取方法来改进传统模型，虽然，已有的成果中已经取得了不错的分类效果，但仍有提升的空间。

在现有的研究成果中，主要有两种类型的情感识别模型，分别为离散和多维度的情感识别模型。Ekman 等[4]提出的离散情感模型，认为愤怒、厌恶、恐惧、快乐、悲伤和惊讶为基本情感状态。Plutchik[5]进一步增加了对更具体的情感分类的期望和接受值。多维情感模型利用多维空间中的点来表征情感，表达情感的异同。Russell[6]提出了二维模型，利用直角坐标，根据愉悦和兴奋的程度来量化所有的情感。

EEGER 的最终目标是准确识别不同的情感状态，从而获得更好的人机交互体验。研究人员设计了多种 EEGER 机制以提高识别精度，具体来说，EEGER 分为特征提取和情感分类两个阶段，特征提取生成特征向量，用于后续的情感分类。由于脑电信号的高维特性，通过对不同维度的特征进行分解，选择确定的分量生成特征向量，可以大大降低信号处理的复杂度。Jenke 等和 García-Martínez 等对 EEGER 的最新特征提取方法进行了研究，总结出了如下特征类型：时域特征、频域特征和空域特征[7,8]。根据事件相关电位、统计量、非平稳指数、分形维数、高阶交叉等参数提取时域特征。频域特征包括频带功率谱和高阶功率谱，时频特征包括希尔伯特和离散小波变换。由于情感是由大脑不同区域之间的复合交互作用产生的，涉及单个头皮通道的 EEG 的特征提取方法不可避免地忽略了头皮通道之间的相互依赖性。为了解决上述问题，多通道 EEGER 受到越来越多的研究关注。在情感分类方面，EEGER 本质上归属于模式识别领域，监督和无监督分类方法都是可选的解决方案。

尽管现有的 EEGER 研究考虑了从多个通道提取 EEG 特征，并利用深度学习生成通用且独立于受试者的情感识别模型，但并未合理地解决个体差异问题，特别是在实际场景中，受试者的年龄、性别、医疗条件和环境因素差异很大。这种不可避免的个体差异并没有被消除，对于具有不同空间和分布的特征，通用模型的泛化性并不理想。基于主体的 EEGER 模型显然比一般的 EEGER 模型更有效，但在模型训练中会消耗大量的计算资源和时间。

上述研究大都集中于 EEG 建模与算法的优化,很少与互联网技术相结合。然而随着移动互联网的不断发展,人类越发希望终端设备也具有观察、理解和表达情感的能力。因此,对于情感识别模型的实时性和泛化性能要求较高,面临的问题是如何快速识别响应个体的情感以及有效解决模型的泛化性能。现存的挑战如下。

(1)在基于 EEG 的情感识别研究中,通常会把信号分解为 δ、θ、α、β 和 γ 五个频段进行特征提取,所使用的提取方法包括时域特征、频域特征、时频特征以及非线性特征等,例如,连续信息熵特征[9]、非对称空间特征[10]、非线性动态特征[11]与时频域特征[12]等。然而,这些特征的设计仍需要从情感相关的神经生理学角度进行更深入的研究,而且部分特征的计算有时会耗费较长时间,特别是在基于混沌和非线性动力学理论提取较长时间序列的特征时。此外这些特征的提取普遍忽略了情感是由大脑不同区域综合产生的这个事实,而且不同的脑区对情感的反应程度也不相同。

(2)由于种族、年龄、性别、健康情况和所处环境等因素的综合影响,即使在相同情感状态下,不同个体之间的 EEG 在数据分布上也存在较大差异[13]。传统 EEG 情感识别系统一般以不同个体具有相同特征空间为前提,假设个体是独立同分布的,忽略了不同个体之间 EEG 数据的差异,使得分类模型的泛化能力较差[12,14]。深度学习模型的训练使其可以从大量的数据中学习到输入与输出之间的映射关系,但是训练好的模型仍缺乏泛化到其他个体和环境的能力,实际应用过程中包含了大量的全新场景,导致模型难以做出精准预测。尽管构建用户独立的情感识别模型能够有效消除个体差异性带来的影响,但是此方法需要每个用户提供大量的样本数据,面临着很多不切实际的问题[15,16]。

(3)在将情感识别模型实际部署时,需要对被监测人的情感状态进行快速、准确的识别,在之前的研究中,多是集中于离线的情感识别研究,在已有的数据集中进行模型训练[17]。但是在情感识别应用中,需要对用户实时上传的数据进行分析处理,并进行快速识别。由于深度学习模型的高精度需求往往需要大量计算,会引发对计算资源的大量消耗,因此,基于深度学习的情感识别模型通常部署在云中心,而不是客户端。在实时预测任务中,终端通过蜂窝通信系统将数据发送到云中心,云计算平台通过深度学习模型进行预测,再将结果返回给客户终端,然而,这种方式下需要将大量的数据传输到云中心,会引发较大的端到端延迟以及移动设备较高的能耗。随着智能移动设备的普及,如何在移动设备上部署深度学习模型,以实现低延迟、低功耗、高准确率的情感识别,是该领域面临的巨大挑战。

针对上述问题,本章提出了 CET 实时情感识别系统,通过建立个性化情感识别模型,实现用户情感数据收集、分析、建模与预测。

6.2　系统模型与基础理论

尽管基于深度学习的 EEGER 具有较高的识别精度，但其固有的计算复杂度和大量样本要求对于个性化的情感监测来说过于苛刻。此外，在用户体验方面，脑电信号和标记过程都难以实现。虽然，云中心可以处理带有标记的大量 EEG，但此种模式通常都忽略了通信延迟和隐私泄露风险。更重要的是，深度学习算法在云中心上建立的通用 EEGER 模型不一定能捕捉到全部个体的动态特征。因此，本章利用迁移学习（transfer learning for emotion recognition，TLER）和 CET 协同技术来实现响应式、本地化和私有化 EEGER。本章所提出的系统模型框架如图 6.1 所示，该模型共分为三层，从下往上分别是终端层、边缘层和云层。终端层主要完成用户情感实时监控与用户情感数据上传功能。其中，用户主要包括 VR 体验者、驾驶员、游戏玩家、患者等需要实时监控用户情感变化情况的人群。中间层为边缘层，以通用情感分类模型为基础，通过迁移学习将通用模型迁移到区域数据集和个人数据集上，也即个性化迁移学习过程。除此之外，该层也需要周期性地上传用户情感数据与个性化模型下发功能；最上层为云层，该层根据 SEED 数据集训练出通用情感分类模型，根据下层传来的新用户情感数据对通用情感模型进行重训练，使得模型更加拟合实际用户情感特征，然后把模型下发边缘服务器替换掉旧的通用情感分类模型。所提出系统的云层、边缘层和终端层特征如表 6.1 所示。

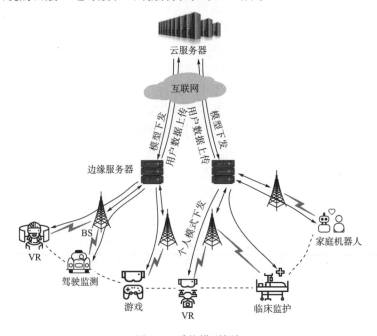

图 6.1　系统模型框架

表 6.1　三个不同层面的特征

特征	云层	边缘层	终端层
计算能力	强	中	弱
采集对象	边缘社区	本地社区	用户端
采集能力	≥1000 个个体	10~100 个个体	1 个个体
模型类别	通用模型	本地模型	个性化模型
时延	>10ms	1~10ms	<1ms

系统的具体运行过程为：首先，以 SEED 数据集为公共用户情感数据集，借助于云中心服务器丰富的计算资源，使用所提出的深度学习模型对 SEED 数据集的连续信息熵特征和 Hjorth 移动性特征进行训练，并把训练后的模型保存，作为用户公共特征模型。其次，云中心服务器通过蜂窝通信系统将公共模型下发至靠近用户的边缘服务器。相对于云服务器来说，边缘服务器能够快速地收集到用户的情感数据，并且拥有一定的计算能力，能够快速处理小规模用户的需求。通过配备在用户身上的情感数据采集装置实时监控并周期性地采集用户情感数据，然后上传到边缘服务器。边缘服务器以用户公共特征模型为基础，为所服务的用户开启私有模型训练进程。根据用户上传的情感数据，边缘服务器对所服务的用户私有模型进行再训练，完成个性化用户情感模型拟合过程。除此之外，为了提高用户共同特征模型对所有用户情感预测的准确度，边缘服务器需要周期性地上传最新的用户情感数据到云中心，进一步对公共情感模型进行优化升级。最后，边缘服务器把训练好的用户个性化模型下发到对应的用户设备。用户在完成个性化模型下载后，情感数据采集装置只需实时采集用户情感数据并输入到个性化模型中就能完成实时预测用户情感的功能。

按照上述方式，所提出的架构实现了数据协同、智能协同和监测协同三个层面的协同，下面将详细描述这三种协同类型。

1. 数据协同

终端层包括各种类型的用户，采集这些用户的 EEG，部分上传到边缘层，进而，边缘层利用边缘计算服务器在终端层为本地用户定制 EEGER 模型，边缘计算层对敏感的 EEG 进行匿名化处理，然后提交到具有强大处理能力的云中心进行通用 EEGER 模型的训练和更新。此外，云层和边缘层获得了大量由招募志愿者准确标记的 EEG 数据，其中只有部分标记的和匿名的数据会被发布到终端层。

2. 智能协同

所提架构中的 EEG 模型包括云层的通用 EEGER 模型、边缘层的局部 EEGER 模型和终端层的个性化 EEGER 模型。利用深度学习训练通用 EEGER 模型，然后将其分发到边缘计算服务器。边缘计算服务器利用迁移学习对通用 EEGER 模型进行定位，并利用客户端平面上个体接收到的 EEG 信号对局部 EEGER 模型进行定制。值得注意的是，可以将多个边缘服务器组合成一个区域来构建和维护本地 EEGER 模型，而不是每个边缘服务器单独构建本地模型。最后，对于私有和精确的 EEGER，可以在通用 EEGER 模型和局部 EEGER 模型的基础上，通过智能终端建立个性化 EEGER 模型。当然，在用户设备资源有限的情况下，也可以由用户信任的边缘服务器建立个性化的 EEGER 模型。

3. 监测协同

在终端层上，智能用户设备利用个性化的 EEGER 模型实时监测用户情感，并定期向边缘层或云层报告识别结果，包含隐私风险。个性化 EEGER 模型检测到任何异常(如负面情感、奇怪的脑电信号)，将立即报告给边缘服务器，然后云层和边缘层分别使用各自的 EEGER 模型对异常进行分析，根据历史记录和环境因素评估用户情感的影响，最终反馈相应的措施。

6.3 用户情感识别的模型迁移方案

6.3.1 EEG 信号预处理

EEG 一般通过头皮通道采集，在 EEG 相关研究中，国际 10-20 系统是一种常用的脑电信号标准，确定了通道间的相对位置。系统对采集到的脑电信号进行放大、滤波、下采样和分解，提取出有效频带。由于脑电信号的频率分量具有显著的频域特征，其包含的信息不同，在进行特征提取时应慎重考虑。然而，现有研究成果在频域划分方面并未达成共识，本章将频率划分为 α、β、γ、δ 和 θ 频段，五个频段都有不同的意义，对应大脑不同的功能，上述划分方法在 EEGER 研究中得到了广泛讨论，能够有效捕捉大脑的功能特征，其频率和特点如表 6.2 所示。

表 6.2 EEG 的不同频段特点

频段	频率/Hz	特点
δ	0.5~4	一种慢波，幅度最高，深度睡眠状态中可见
θ	4~7	一种中低幅慢波，一般出现在幼儿身上，在成年人冥想情况下可见
α	8~13	通常可见于放松的身体或精神状态下
β	14~30	较高的 Beta 频率与脑部高水平的唤醒活动相关，多见于情感紧张、兴奋和激动的状态，在大脑两侧呈对称分布
γ	31~50	通常与认知、信息处理相关，多见于学习和记忆等活动中

从表 6.2 可见，每个频率分量对应着一个特定的情感状态，频率值代表着情感强度。因此，在 EEG 的分析处理中，合理利用其频率特性至关重要。随着频率的增加，意识程度随之增强。由于 δ 频段仅在受试者睡眠时可感知，而情感识别目前主要用于监测清醒时的情感。因此，为了验证不同频段对情感产生的影响，对原始 EEG 信号通过滤波截取出 4～50Hz 的波形信号。在上述过程中，所提出的架构采用巴特沃斯滤波器提取 α、β、γ 和 θ 频段进行特征提取。

6.3.2 特征提取

在脑电信号情感识别领域，目前已有很多特征提取方法。为了获取良好的情感分类性能，现有的大部分方法通过提取 Hjorth 移动性和微分熵(differential entropy，DE)方法去提取较为准确与鲁棒性较强的数据特征值。

1. Hjorth 参数

Hjorth 参数于 1970 年由 Hjorth 提出，包括活动性(activity)、移动性(mobility)和复杂度(complexity)三个指标，反映 EEG 在时域的统计特性。其中，活动性衡量信号波幅的偏离程度，可以用来描述频域上的功率谱的变化；移动性通过计算功率谱标准偏差所占的比例估算 EEG 的平均频率；复杂度通过信号与理想波之间的差别测算 EEG 的带宽。Hjorth 参数的移动性定义为一阶差分标准差与标准差的比值，下面介绍详细的计算方法。

假设给定脑电信号序列 $X = \{x(0), x(1), \cdots, x(N-1)\}$，其中，$N$ 为信号的长度，X 的一阶差分可计算如下。

$$X' = \{x'(1), x'(2), \cdots, x'(N-1)\} \tag{6.1}$$

$$x'(n) = x(n+1) - x(n),\ n = 0,1,2,\cdots,N-2 \tag{6.2}$$

X 的标准差为

$$\sigma = \sqrt{\sqrt{\frac{\sum_{n=0}^{N-2} x(n) - \overline{X}}{N}}} \tag{6.3}$$

根据差分公式计算信号的一阶差分，并计算一阶差分标准差：

$$\sigma' = \sqrt{\sqrt{\frac{\sum_{n=0}^{N-2} x'(n) - \overline{X}'}{N}}} \tag{6.4}$$

则 Hjorth 参数的移动性表示为

$$F_{xM} = \frac{\sigma'}{\sigma} \tag{6.5}$$

2. 连续信息熵特征

连续信息熵(differential entropy，DE)是常用的 EEG 特征分析指标，其可以表示时间序列的复杂度。对于时间序列 X，如果已知其概率密度函数为 $f(x)$，则微分熵的定义如下：

$$h(X) = -\int_X f(x)\log\big[f(x)\big]\mathrm{d}x \tag{6.6}$$

经过带通滤波后，EEG 在各个频段内的分布近似服从高斯分布。对服从高斯分布 $N(\mu,\sigma^2)$ 的时间序列 X，微分熵可以计算为

$$h(X) = -\int_{-\infty}^{+\infty} \frac{1}{\sqrt{2\pi\sigma^2}}\mathrm{e}^{-\frac{(x-\mu)^2}{2\sigma^2}} \log\left[\frac{1}{\sqrt{2\pi\sigma^2}}\mathrm{e}^{-\frac{(x-\mu)^2}{2\sigma^2}}\right]\mathrm{d}x = \frac{1}{2}\log(2\pi\mathrm{e}\sigma^2) \tag{6.7}$$

其中，π 和 e 为常数，可知要想得到此 EEG 序列的微分熵的值，只需要计算这个高斯序列的方差。对于脑电信号 $\{x_i\}$，由于过滤了直流分量，其均值为零，故方差为

$$\sigma^2 = \frac{1}{N}\sum_{i=1}^{N} x_i^2 \tag{6.8}$$

由该式可知，EEG 的方差就是该段信号能量的平均值。在具体实现过程中，需要首先对脑电信号进行频带划分，然后对微分熵特征的计算简化为各个频带能量特征的对数值。

根据帕萨瓦尔定理，可以从其能谱得到平均能量。对于离散傅里叶变换，可以将式(6.8)改写为式(6.9)。

$$P = \sum_{n=0}^{N-1}\left|x(n)^2\right| = \frac{1}{N}\sum_{k=0}^{N-1}\left|X(k)^2\right| \tag{6.9}$$

其中，$X(k)$ 是脑电信号序列 $x(n)$ 的傅里叶变换；P 是能谱。脑电信号的方差可以表示为 $\dfrac{P}{N}$，DE 可以表示为

$$h(X) = \frac{1}{2}\log(P) + \frac{1}{2}\log\frac{2\pi\mathrm{e}}{N} \tag{6.10}$$

对于固定长度的 EEG，微分熵相当于一定频段内的能量谱的对数，两者之间只相差一个比例因子以及一个常量。

6.3.3　三维通道映射

脑电信号不仅在频率成分上有变化，而且在拓扑位置和时间点上也有变化。传统的脑电信号研究通常利用分类器来提取单通道的脑电信号特征。然而，情感是由大脑不同区域之间的复合交互作用产生的，无法采用基于 EEGER 的单一通道方法来表征。卷积神经网络(convolutional neural network，CNN)是一种常用且

有效的特征提取工具，可以用来捕捉通道之间的相互依赖性，并评估其对情感的影响。在脑机接口的研究中，常见的 EEG 采集方法是将电极放置在大脑皮层表面。电极的放置规则遵循 10-20 国际标准导联系统，该系统规定了每个电极的位置，对电极进行了命名。根据 10-20 国际系统，DEAP 数据集在采集脑电时的电极数目使用 32 导，如图 6.2 所示。首先，将给定国际 10-20 系统中 62 个脑电信号通道的分布映射为一个 9×9 的二维棋盘图，其中灰色的点/棋盘表示信号通道，脑电信号从数据集导入，该二维通道映射主要保留了脑电通道的位置信息；然后，将 α、β、γ 和 θ 频段映射到 4 层的三维空间中，提取相应的 HM 和 DE 作为 CNN 的输入。

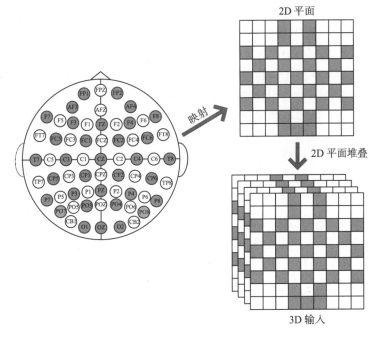

图 6.2　3D 输入结构构建过程

图 6.2 中左边部分表示导联分布的平面图，灰色的点表示 DEAP 数据集中使用的电极采集点。为了保留脑部多个通道之间的空间信息，从节点和边的角度将人脑抽象成网络，节点代表电极位置，以所有节点所组成的整个网络作为分析对象。首先将电极分布图映射成一个 2D 平面图，对频带进行划分提取特征后，可构成一个 3D 立体图。对每个 EEG 片段提取特征后，根据上图的映射关系，将 32 个通道的一维特征向量映射到二维空间，对于 DEAP 数据集中 32 个通道以外的点用零进行填充。由于对信号进行了 4 个频带的划分，因此，每个 EEG 片段可以得到 4 个二维平面。将这些二维平面叠加成 3D 的 EEG 立方体，并将其作为 CNN 的输入。

6.3.4 卷积神经网络

近年来对深度学习的研究取得了很大的进展，目的在于从数据中提取重要特征进行分类，从原始数据中提取由底层到高层、由具体到抽象的特征。在图像处理领域，CNN 是一种常用的深度学习模型，其分层结构能够提取特征并分类。CNN 是高维大数据处理方面较为有效的深度学习框架，也是一种典型的用于表示学习的前传神经网络。如前所述，EEG 是一种高维数据，并且包含很多抽象特征，因此，CNN 很适合对 EEG 数据进行分析处理。CNN 的多分层结构包含了由卷积层和池化层构成的特征提取器，能自动地提取出输入图像中的局部空间信息。

CNN 输入是二维图像信号，为了适应 CNN 的输入特点，使用 CNN 对 EEG 进行特征提取和情感分类，本章设计了不同频率下的电极分布图，提取多通道脑电信号的不同频率下的相关特征，构成三维立体结构作为 CNN 的输入。在神经网络的设计上，该连续卷积神经网络包含四个卷积层自动提取特征，一个全连接层用于融合特征。所设计的 CNN 模型中没有池化层，尽管在计算机视觉领域的 CNN 模型中，通常在卷积层后面紧跟着池化层，以降低模型参数的数量，以损失一些信息为代价减少数据维度，但是，EEG 数据的维度远远小于计算机视觉领域，因此，在本章的模型中舍弃池化层。此外，在每个卷积层中，都采用零填充以防止信息在边缘丢失。

具体的 CNN 模型如图 6.3 所示，前面三个卷积层的卷积核大小为 3×3，最后一个卷积层卷积核为 1×1，卷积步幅都设置为 1。在卷积运算之后，使用 ReLU 激活函数对输出特征进行处理，控制神经元的输出范围，提高特征表示性能。第一个卷积层中使用了 64 个特征图，接下来的两个卷积层中将特征图翻倍。因此，第二个和第三个卷积层分别有 128 个和 256 个特征图。为了融合不同的特征图，减少计算量，增加了一个 1×1 的卷积层，包含 64 个特征图。在四个连续卷积层之后是一个全连接层，与前一层的神经元进行全连接，连接前一层的全部特征以达到提取图像全局特征的效果。最后使用 softmax 激活函数完成情感分类。第 l 个卷积层的输出可以计算为

$$
\begin{aligned}
X^l &= \mathrm{ReLU}\left(X^{l-1} * W^l + b^l\right) \\
&= \max\left\{0, X^{l-1} * W^l + b^l\right\}
\end{aligned}
\tag{6.11}
$$

其中，W^l 为第 l 层的卷积核；b^l 为对应的偏移量；$*$ 为卷积算子。注意，当 $l=1$ 时，X^0 表示 CNN 的原始输入。

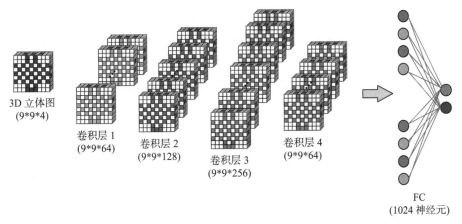

图 6.3 CNN 模型

6.3.5 迁移学习

深度学习旨在构建通用情感识别模型,但是不能满足不同个体和场景的需求。如果已有的模型能够适用于新的个体,则可以避免费时且昂贵的数据采集和标记工作,提高学习性能。迁移学习由此应运而生,其由 Pan 等在 2010 年提出,研究如何通过已有的知识学习未知的新知识,将训练好的模型应用到新的个体和场景中,这样不需要花费大量的资源收集新数据以及重建模型。对迁移学习的基本概念介绍如下。

在迁移学习中,域是指数据的来源,任务是指要执行的目标。一个域 D 包括时间序列组成的特征空间 X 和特征空间的边际概率分布 $P(X)$,其中 $X = \{x_1, x_2, \cdots, x_n\}$ 。对于域 $D = \{X, P(X)\}$,任务 T 由标签空间 Y 和目标预测函数 $f(\cdot)$ 组成,表示为 $T = \{Y, f(\cdot)\}$,可以通过特征-标签对 (x_i, y_i) 学习得到,其中 $x_i \in X$, $y_i \in Y$ 。 $f(\cdot)$ 可以预测新样本 x 的标签,用条件概率分布的形式重写为 $P(Y|X)$, $T = \{Y, P(Y|X)\}$ 。根据域和任务的定义,迁移学习为:已有的知识叫作源域,要学习的新知识叫作目标域。给定一个源域 D_S 和对应的源任务 T_S ,一个目标域 D_T 和对应的目标任务 T_T ,迁移学习的目的是把源域的知识迁移到目标域上,即在 $D_S \neq D_T$ 或 $T_S \neq T_T$ 的情况下,根据源域 D_S 和 T_S 的知识学习目标域 D_T 的目标预测函数 $f(\cdot)$,即 $P(Y_T | X_T)$ 。由以上定义可知, $D_S \neq D_T$ 等价于 $X_S \neq X_T$, $P_S(X) \neq P_T(X)$,源域和目标域有不同的特征空间以及边际概率分布,同理, $T_S \neq T_T$ 等价于 $Y_S \neq Y_T$, $P(Y_S | X_S) \neq P(Y_T | X_T)$,源域和目标域具有不同的标签空间和条件概率分布。如果 $D_S = D_T$, $T_S = T_T$,则是传统的机器学习问题。

在 EEG 情感识别研究中,为了将情感识别模型通用化,将迁移学习引入到情感建模过程中。根据不同的学习方法,迁移学习主要包括样本迁移、特征迁移、模型迁移和关系迁移四种。其中,样本迁移是增加源域中与目标域相似数据的权值，使得在训练中占更大的比重，简单且容易实现，但是权值选择依赖于经验，源域和目标域数据分布不同时相似度的度量比较困难；特征迁移将源域和目标域共同的特征变换到同一空间；模型迁移是将在源域上训练好的模型参数迁移到目标域上，这种方法可以通过对模型进行微调实现；在目标域数据集太小或者需要处理实时数据时，可以将在大量数据集上训练好的模型迁移到小数据集上；关系迁移是将源域中逻辑关系映射到目标域，即知识迁移。根据情感识别在计算方面的特征，本章采用模型迁移方法。常见的模型迁移策略是在给定数据集上进行预训练，该数据集由大量的有标记的样本组成，预训练完成后，将此轻量级模型转移到目标数据集上进行微调。对于包含非常有限的训练样本的数据集，采用深度CNN 时迁移学习非常重要。

在 EEGER 的研究中，研究者最常用的数据集是公开发布的 SEED 数据集和DEAP 数据集。首先根据 EEG 处理领域的知识提取脑电情感特征，将其作为机器学习模型的输入进行训练。深度卷积神经网络可以实现抽象特征自动提取，然而，深度卷积神经网络的训练需要大量数据，一般情况下的数据不足以训练卷积神经网络模型，在有新的任务到来时，重新开始训练模型需要的数据集较大，难以实现。为了有效解决上述问题，我们将在其他数据集上训练好的模型迁移到新的数据集上，即将模型的权重应用到新的任务上，以较小的学习率训练出新的模型。

6.4 "云-边-端"协同的情感识别性能评估

本节使用 SEED 数据集和 DEAP 数据集来验证我们提出的 TLER 模型。其中，SEED 数据集涉及的脑电信号具有较高的采样频率和精度，因此将它作为通用EEGER 模型的训练和测试样本，而 DEAP 数据集作为局部和个性化 EEGER 模型的训练和测试样本。

6.4.1 实验设计及数据处理

由于 SEED 数据集中的 EEG 采样频率较高，且在此数据集上训练出的模型分类准确率较高，可作为迁移学习任务中的源域。根据 CET 情感识别系统对数据集的要求，可使用 SEED 数据集的一部分样本训练云端的通用情感识别模型，另一部分样本进行模型测试，DEAP 数据集则作为目标域，其中部分样本用于训练边缘端的区域用户情感识别模型，另一部分用于测试。在个性化模型训练过程中，选取 DEAP 数据集中的一些个体，该个体的一部分数据用于训练用户端的个性化情感识别模型，另一部分数据用于模型测试。

6.4.2　实验结果及讨论

1. SEED 数据集 DE 特征分析

本部分分别提取了 SEED 数据集与 DEAP 数据集中 EEG 的 DE 特征，以观察在不同情感状态、不同频段、不同电极位置下 EEG 数据的情况。在不同频段以及不同电极位置下，两种不同的情感状态：高兴(happy)和悲伤(sad)的脑电 DE 特征图如图 6.4 所示。图中 DE 特征数值经过了归一化处理，颜色越接近黑色表示该电极位置 DE 特征的值越大，颜色越接近白色，代表该处 DE 特征的值越小。

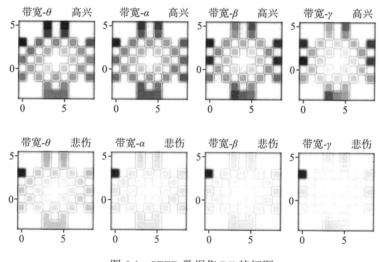

图 6.4　SEED 数据集 DE 特征图

从图 6.4 可以看出，与情感相关性较大的脑电电极分布在头部边缘，尤其是前端与两侧，中间部分提供的情感信息量相对较小，由此可知，脑电电极位置对情感分类有很重要的影响。在不同频段上脑电 DE 特征图也是不同的，因此，所提出的方法将各个频段的信息分离开来，组建多通道多频带特征图，使用 CNN 进行自主学习提取抽象情感特征。

多通道脑电 DE 特征在时间维度上的变化趋势如图 6.5 所示。总体上来看，同一情感的 EEG 特征在时间维度上不会发生特别大的变化，但有个别通道电极对应的脑电特征会发生较大的变化。变化较大的通道可能包含丰富的情感信息，所以本节将同一情感不同时间段下的信息输入到 CNN 模型，使其学习到更丰富的经验信息，提升神经网络模型的泛化性能。

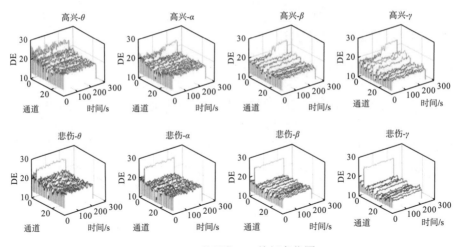

图 6.5　SEED 数据集 DE 特征变化图

2. 通用模型训练

DEAP 数据集包含 32 个通道的 EEG 数据，SEED 数据集包含 62 个通道的 EEG 数据，且 DEAP 数据集所使用的通道集是 SEED 通道集的真子集。由于对情感识别贡献大的主要电极位置为 DEAP 数据集中采用的电极位置，因此，从 SEED 数据集中抽取出与 DEAP 数据集中 32 个通道对应的全部 EEG 数据作为最初的通用情感识别模型数据集。首先使用滤波器对所抽取的 32 通道的 EEG 进行滤波操作，将信号分解成五个频段：Delta、Theta、Alpha、Beta 和 Gamma，每个频段的数据有 $15 \times 3 \times 15 \times 180 \times 200 \times 32$（被试×实验次数×视频×秒×采样频率×通道）个样本点；然后对数据进行以秒为单位的不重叠的 DE 特征与 Hjorth 移动性特征提取，共计提取特征数据量大小为 $15 \times 3 \times 15 \times 180 \times 32$（被试×实验次数×视频×秒×通道）。此外，由于 SEED 数据集中的标签有开心、中性、悲伤三种，且每种标签的数据量大小相同。为了和 DEAP 数据集中的标签一致，将中性标签所对应的数据剔除，将预测模型任务转化为二元分类问题。

为了验证不同电极数及电极位置对分类准确率的影响。本节使用电极数量为 32、21、11 的通道集分别对 CNN 进行了 100 次训练。三个通道集电极分布拓扑图如图 6.6 所示。

使用 Tensorflow 深度学习框架来实现本章提出的情感识别模型系统，使用 Adam 优化器来最小化分类交叉熵，学习率设置为 10^{-4}，batch size 设置为 128，epochs 设置为 100，dropout 设置为 0.5。为了避免过度拟合并提高泛化能力，使用惩罚设置为 0.5 的 L2 范数。通用 EEG 情感识别模型的分类结果如表 6.3 所示。

$$\begin{bmatrix} 0 & 0 & 0 & Fp_1 & 0 & Fp_2 & 0 & 0 & 0 \\ 0 & 0 & 0 & AF_3 & 0 & AF_4 & 0 & 0 & 0 \\ F_7 & 0 & F_3 & 0 & F_Z & 0 & F_4 & 0 & F_8 \\ 0 & FC_5 & 0 & FC_1 & 0 & FC_2 & 0 & FC_6 & 0 \\ T_7 & 0 & C_3 & 0 & C_Z & 0 & C_4 & 0 & T_8 \\ 0 & CP_5 & 0 & CP_1 & 0 & CP_2 & 0 & CP_6 & 0 \\ P_7 & 0 & P_3 & 0 & P_Z & 0 & P_4 & 0 & P_8 \\ 0 & 0 & 0 & PO_3 & 0 & PO_4 & 0 & 0 & 0 \\ 0 & 0 & 0 & O_1 & O_Z & O_2 & 0 & 0 & 0 \end{bmatrix} \Rightarrow$$

$$\begin{bmatrix} 0 & 0 & AF_3 & 0 & AF_4 & 0 & 0 \\ 0 & F_3 & 0 & F_Z & 0 & F_4 & 0 \\ FC_5 & 0 & FC_1 & 0 & FC_2 & 0 & FC_6 \\ 0 & C_3 & 0 & C_Z & 0 & C_4 & 0 \\ CP_5 & 0 & CP_1 & 0 & CP_2 & 0 & CP_6 \\ 0 & P_3 & 0 & P_3 & 0 & P_4 & 0 \\ 0 & 0 & PO_3 & 0 & PO_4 & 0 & 0 \end{bmatrix} \Rightarrow$$

$$\begin{bmatrix} F_3 & 0 & F_Z & 0 & F_4 \\ 0 & FC_1 & 0 & FC_2 & 0 \\ C_3 & 0 & C_Z & 0 & C_4 \\ 0 & CP_1 & 0 & CP_2 & 0 \\ P_3 & 0 & P_3 & 0 & P_4 \end{bmatrix}$$

图 6.6 不同电极数拓扑图

表 6.3 通用模型分类结果

电极数量	特征	θ	α	β	γ	四维
9×9	DE	57.86	70.43	71.46	81.11	85.72
	Mobility	51.27	54.33	70.71	64.77	74.07
7×7	DE	52.15	53.74	73.51	78.56	79.17
	Mobility	50.93	50.97	62.80	63.15	64.23
5×5	DE	51.01	52.50	60.39	74.25	76.78
	Mobility	50.27	52.53	56.70	60.97	56.37

从表 6.3 可以看出，无论是使用单频段作为输入，还是四维多频段作为输入，DE 特征的情感识别准确度始终高于 Hjorth 移动性特征，此外还可以发现较高频率的波段识别率更高，随着电极数量的减少，识别率呈下降趋势，同时，相对于

单频段分类的准确度来说，本书所提出的四维多频段的组合可以得到更高的识别准确率。

3. 个性化模型训练

在云端模型下放后，边缘服务器将完成迁移学习的过程。本章将数据量相对较小的 DEAP 数据集作为目标域数据集，利用从 SEED 数据集上训练好的模型作为起点，在 DEAP 的部分数据上进行训练，模拟针对小群体的迁移学习，构建针对小群体的个性化的模型。

个性化模型的训练过程如下：读取训练好的模型的上四层模型与参数，此部分参数不可训练，加入随机初始化权重参数的两层全连接层，该部分参数开放训练；将 DEAP 数据集中的预处理数据随机分成四组，每个组 8 人。前 40s 数据用来训练，后 20s 数据用来测试；先用该数据集直接对一个新的模型进行训练，以作为对照，之后再对个性化迁移学习模型进行训练，实验结果如表 6.4 所示。

表 6.4 个性化模型分类结果

模型	1		2		3		4	
	时间/s	准确度	时间/s	准确度	时间/s	准确度	时间/s	准确度
新模型	1982.60	72.28	1898.59	75.16	1974.53	78.78	1975.19	75.38
迁移模型	1649.11	65.66	1703.99	65.97	1667.89	66.97	1648.48	68.91

由表 6.4 可知，通过迁移学习的方法，虽然精度有所下降，但是训练时间减少了很多，在一些关键应用场景中可以为用户快速训练模型。

6.5 本 章 小 结

本章主要研究了在情感识别中如何实现个体实时情感识别，提出基于迁移学习和深度学习的 CET 实时情感识别模型；通过将在云端完成训练的通用模型迁移到边缘服务器收集的个体小数据集上，经过训练可以得到个性化的情感识别模型。为了提高识别准确性，边缘服务器周期性地收集用户的情感数据，更新情感识别模型。本章实验使用了两个数据集 SEED 和 DEAP，SEED 数据集用于训练通用模型，DEAP 数据集用于训练个性化模型。实验结果表明，基于迁移学习的情感识别模型在小群体和个体的情感分类上具有较好的性能，模型的训练时间和所需样本数量都比重新训练模型小得多。

参 考 文 献

［1］ Agrafioti F, Hatzinakos D, Anderson A K. ECG pattern analysis for emotion detection［J］. IEEE Transactions on Affective Computing, 2012, 3(1):102-115.

［2］ Alarcao S M, Fonseca M J. Emotions recognition using EEG signals: A survey［J］. IEEE Transactions on Affective Computing, 2017, 10(3): 374-393.

［3］ Papez J W. A proposed mechanism of emotion［J］. Archives of Neurology & Psychiatry, 1937, 38(4): 725-743.

［4］ Ekman P, Friesen W V, Sullivan M O, et al. Universals and cultural differences in the judgments of facial expressions of emotion［J］. Journal of Personality & Social Psychology, 1987, 53(4): 712.

［5］ Plutchik R. Emotions: A general psychoevolutionary theory［J］. Approaches to Emotion, 1984, 1984: 197-219.

［6］ Russell J A. A circumplex model of affect［J］. Journal of Personality and Social Psychology, 1980, 39(6): 1161.

［7］ Jenke R, Peer A, Buss M. Feature extraction and selection for emotion recognition from EEG［J］. IEEE Transactions on Affective computing, 2014, 5(3): 327-339.

［8］ García-Martínez B, Martinez-Rodrigo A, Alcaraz R, et al. A review on nonlinear methods using electroencephalographic recordings for emotion recognition［J］. IEEE Transactions on Affective Computing, 2019: 11(3): 801-820.

［9］ Zheng W L, Zhu J Y, Lu B L. Identifying stable patterns over time for emotion recognition from EEG［J］. IEEE Transactions on Affective Computing, 2019, 10(3): 417-429.

［10］ Huang D, Guan C T, Ang K K, et al. Asymmetric Spatial Pattern for EEG-based Emotion Detection［C］//The 2012 International Joint Conference on Neural Networks (IJCNN). Brisbane: IEEE, 2012: 1-7.

［11］ Stam C. Nonlinear dynamical analysis of EEG and MEG: Review of an emerging field［J］. Clinical Neurophysiology, 2005, 116(10): 2266-2301.

［12］ Vanitha V, Krishnan P. Time-frequency analysis of EEG for improved classification of emotion［J］. International Journal of Biomedical Engineering and Technology, 2017, 23(2/3/4): 191-212.

［13］ Meltzer J A, Negishi M, Mayes L C, et al. Individual differences in EEG theta and alpha dynamics during working memory correlate with fMRI responses across subjects［J］. Clinical Neurophysiology, 2007, 118(11): 2419-2436.

［14］ Piho L, Tjahjadi T. A mutual information based adaptive windowing of informative EEG for emotion recognition［J］. IEEE Transactions on Affective Computing, 2020, 11(4): 722-735.

［15］ Lotfalinezhad H, Malei A. Application of multiscale fuzzy entropy features for multilevel subject-dependent emotion recognition［J］. Turkish Journal of Electrical Engineering and Computer Sciences, 2019, 27(6): 4070-4081.

［16］ Chanel G, Rebetez C, Bétrancourt M, et al. Emotion assessment from physiological signals for adaptation of game difficulty［J］. IEEE Transactions on Systems, Man, and Cybernetics - Part A: Systems and Humans, 2011, 41(6): 1052-1063.

［17］ Soleymani M, Pantic M, Pun T. Multimodal emotion recognition in response to videos［J］. IEEE transactions on Affective Computing, 2012, 3(2): 211-223.